高等院校学术研究专著系列

埃洛石纳米管固定酶性能研究

晁聪 著

郑州大学出版社

图书在版编目(CIP)数据

埃洛石纳米管固定酶性能研究 / 晁聪著. — 郑州 : 郑州大学出版社, 2023. 8(2024.6 重印)
ISBN 978-7-5645-4331-0

Ⅰ. ①埃… Ⅱ. ①晁… Ⅲ. ①纳米材料 - 固定化酶 - 性能 - 研究 Ⅳ. ①Q814.2

中国国家版本馆 CIP 数据核字(2023)第 133027 号

埃洛石纳米管固定酶性能研究
AILUOSHI NAMIGUAN GUDINGMEI XINGNENG YANJIU

策划编辑	袁翠红	封面设计	苏永生
责任编辑	许久峰	版式设计	苏永生
责任校对	李　蕊	责任监制	李瑞卿
出版发行	郑州大学出版社	地　　址	郑州市大学路 40 号(450052)
出 版 人	孙保营	网　　址	http://www.zzup.cn
经　　销	全国新华书店	发行电话	0371-66966070
印　　刷	廊坊市印艺阁数字科技有限公司		
开　　本	710 mm×1 010 mm　1 / 16		
印　　张	9	字　　数	130 千字
版　　次	2023 年 8 月第 1 版	印　　次	2024 年 6 月第 2 次印刷
书　　号	ISBN 978-7-5645-4331-0	定　　价	49.00 元

前　言

储量丰富、绿色环保的埃洛石纳米管(HNTs)具有特殊的管状结构、良好的生物相容性和稳定的物化性能,因此在生物酶固定化领域颇具应用潜力。HNTs在染料吸附、相变材料、生物传感、药物缓释和复合材料制备等方面的研究已经比较深入,但是在酶固定化领域的系统研究还不够完善。国内外的研究者普遍关注HNTs空腔结构(Lumen)吸附固定酶,但Lumen的空间有限且HNTs容易发生团聚,导致固定过程中传质阻力增大、游离酶的固定量偏低。鉴于此,本书着重围绕改善埃洛石纳米管的分散性及提高固定酶的负载量展开,首先采用两种方法对HNTs的外表面改性,分别制备表面带有缺陷、活性点位增多的埃洛石纳米管(RHNTs)和表面荷正电、电荷密度增大的埃洛石纳米管(PHNTs),进而研究这些载体的固定酶性能。为拓宽生物酶的工业化应用,有利于固定酶的回收和批次使用,本书制备了微米级的多孔埃洛石复合微球和毫米级的多孔埃洛石复合颗粒。微球或颗粒内部HNTs的层状结构和聚合物的孔道网络结构并存,为酶蛋白分子提供传质通道和结合位点,同时为后续酶促反应提供良好的固态缓冲保护。

本书选取漆酶作为酶固定的研究对象,具体研究内容如下。

(1)RHNTs的制备及固定酶性能研究:HNTs外表面光滑,黏附力弱,晶面缺陷较少,与氨基残基作用的点位较少。受高温活化和选择性腐蚀的启发,首次探索$NaNO_3/Na_2CO_3$熔盐体系对纳米管表面的固态改性。熔融状态下的Na_2CO_3腐蚀硅氧片层中的二氧化硅,通过调控HNTs、$NaNO_3$、Na_2CO_3之间的比例可实现对HNTs外表面的可控腐蚀改性,成功制备有机物含量降低、表面粗糙、活性位点较多的埃洛石纳米管RHNTs。研究结果表明,

RHNTs 保持完整管状结构,管壁粗糙且分散性明显改善,说明表面基团和活性位点都有不同程度的增加。

(2)PHNTs 的制备及固定酶性能研究:聚二烯丙基二甲基氯化铵(PDDA)是一种环境友好型的阳离子聚电解质,与 HNTs 之间存在静电引力。通过改变 PDDA 的浓度和反应时间,制备表面荷正电、电荷密度增大的 PHNTs。研究结果表明,PDDA 改性后载体表面黏附性增大,正电荷密度变大,活性基团增多,为游离酶的固定提供足够多的结合点位和较高的电荷密度,以之为载体的固定酶也在重复利用性方面有良好的表现。

(3)多巴胺仿生复合微球的制备及固定酶性能研究:以埃洛石纳米管和壳聚糖为原材料,油酸液滴为软模板,通过静电自组装搭接具有 3D 架构的复合微球。接着用乙醇洗去软模板,利用多巴胺的自聚合作用加固微球结构及改善热稳定性。结果表明复合微球具有较大比表面积(114.6 m^2/g),表面成功接枝邻醌、邻苯二酚和氨基基团,以之为载体固定酶活性较高且在载体中均匀分布。该微球的漆酶固定量高达 311.2 mg/g,远远超过同类文献报道的固定量。因此多巴胺仿生复合微球适合用于酶固定化,良好的操作稳定性和重复利用性也表明该微球在工业应用中颇具潜力。

(4)聚乙烯醇复合颗粒的制备及固定酶性能研究:聚乙烯醇(PVA)具有其均匀有序的孔结构和良好的生物相容性,常被用作酶固定化载体。但 PVA 的热稳定性较差,掺杂适量 HNTs 可以改善复合材料的机械强度和热稳定性。研究结果表明,HNTs 在 PVA 的结构导向作用下,沿着聚合物的网络有序排列,形成具有开放孔道结构、微米孔和纳米孔共存的复合颗粒。将 PVA/HNTs 用于漆酶的固定化发现,复合颗粒固定漆酶的固定量 237.02 mg/g 远远高于原始 HNTs 的 21.46 mg/g。说明 PVA/HNTs 复合颗粒是酶固定的优良载体,在活性染料降解领域有广阔的工业应用前景。

晁　聪

2022 年于郑州

目　　录

1 绪 论

1.1 引 言

作为21世纪的高新技术之一，纳米技术一直是国际科研技术领域的前沿和热点，在医药卫生、能源、纳米发电、智能芯片、生物传感等领域有广泛的实际应用和明确的产业化前景。随着生物技术的发展，逐渐出现纳米生物学、纳米药物学等新兴交叉技术。通过在纳米尺寸模拟自然界的生命现象探索新知，已经成为科研人员解决未解难题的一个重要途径。纳米材料和生物技术的飞速发展，必将推动生物催化工程的颠覆性发展，也必然激发酶固定化技术的创新发展。作为一种绿色高效生物催化剂，生物酶自从18世纪首次被人类发现并应用至今，已经在生物制药、环境治理、有机合成、生物传感、食品加工等诸多行业使用。与传统催化剂相比，酶促反应条件温和、生物降解效率高、底物特异性强、副产物少，满足可持续发展的要求[1]。因此，生物酶技术必将成为今后研究的热点，在解决能源、环境、资源等领域的实际应用发挥关键作用。

然而，生物酶的制备工艺复杂、储存稳定性差、几乎不能重复利用、操作条件相对敏感，限制了绿色催化剂的规模使用。大多数酶都具有水溶性，很难从反应系统中分离。通过将游离酶固定在刚性载体，能够有效避免上述限制，拓宽生物酶在农业、医药、环境、能源等方面的实际应用。固定酶中的载体在体积、质量等方面都占有较大比重，因此在酶处理工艺中选择合适的载体显得尤为重要。为满足绿色、安全、环保等发展要求,需要优先选择绿色天然、环境友好型载体材料,减少对环境的风险。

1.2 埃洛石纳米管

1.2.1 埃洛石纳米管的简介

自然界中埃洛石矿储量丰富,在我国主要分布于西南部、中部地区,各地的埃洛石纳米管因产地不同在形貌、尺寸上略有差异——主要呈管状、扁平状和球状结构,其中管状最为常见;长度范围 500 ~ 3 000 nm,外径为 50 ~ 100 nm,管腔内径 10 ~ 20 nm[2-4]。埃洛石纳米管($Al_2Si_2O_5 \cdot nH_2O$)由硅、铝、氧和氢四种元素构成,化学计量组成类似于高岭土,晶体结构良好,具有较大的长径比(20 ~ 50)。组成埃洛石纳米管的硅铝酸盐片层单片厚度 0.72 nm,由铝氧八面体、硅氧四面体构成,具有特殊的双重性质,如图 1.1 所示。内外表面不同的电离特性和表面电荷,使得埃洛石纳米管的内腔带正电,可以选择性地固定带有负电荷的分子;而外表面带负电,也能实现对荷正电分子的选择性吸附[5]。管壁由 15 ~ 20 层硅铝酸盐片层结构层层卷曲包裹而成,这些片层单片厚度约 0.72 nm,被层间水隔开并呈周期性规整排列。环境温度上升时,水化埃洛石纳米管易失去层间水转化为脱水埃洛石,晶面间距 d_{001} 从 10 Å 降至 7 Å。位于 HNTs 最外层的一些疏松片层,在高温或化学作用下甚至可以从管体上剥离。埃洛石纳米管作为一种天然的纳米材料,因其独特的结构和优良的性能,一直倍受研究者青睐。本书所有使用的 HNTs 产自中国河南境内,具有较高的纯度、良好的管状形态等优良的性能。

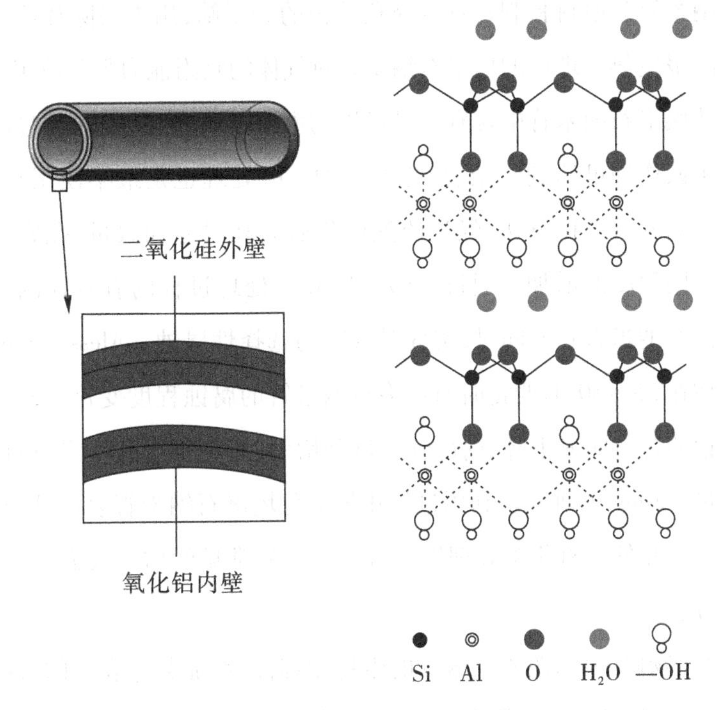

图1.1 埃洛石纳米管的结构与化学组成

1.2.2 埃洛石纳米管的改性方法

尽管埃洛石纳米管在结构和生物相容性方面优势突出，但在溶液中容易团聚，表面活性基团数目有限、种类单一，能与生物分子直接键合的共价基团数量有限。因此，针对上述限制，研究者对埃洛石纳米管的表面改性进行了许多工作。文献报道的改性方法涉及材料活化改性、生物修饰、聚合物改性、插层改性等。具体可分为以下几种：

(1)活化改性：埃洛石常用的活化改性方法有热处理、硫酸处理、H_2O_2处理和碱处理。高温活化在埃洛石预处理中较为常见，有利于去除纳米管中的有机杂质，改变层间水含量和孔结构，提高吸附能力。Zhou 等研究者系统研究煅烧温度对埃洛石晶体结构的改变，450 ℃时埃洛石晶体被破坏，1 000 ℃时生成无定型硅铝氧化物。Zhao 和 Yang 等人就在高温条件下，以埃洛石纳米管为原材料制备具有介孔结构的分子筛,用于去除环境污染物。也有文献报道热处理后的埃洛石纳米管对气体的吸附能力得到改善。

天然埃洛石纳米管中含有少量可以与酸反应的杂质,因此通过浸泡、清洗的简单操作即可达到除杂、活化的目的。酸处理也是最早使用且最常见的埃洛石纳米管活化方法,经过硫酸活化后微孔尺寸和数量、孔容、比表面积均有不同程度的增加。通过对酸浓度和酸处理过程的有效控制,可以在扩大埃洛石纳米管腔的同时,实现对管腔的选择性腐蚀。Alessio Spepi 等研究了硫酸在 25 ~ 50 ℃变化时对埃洛石纳米管的腐蚀程度变化,酸腐蚀后纳米管中铝的含量明显下降,内部管腔显著增大,有利于提高埃洛石对水杨酸的负载量。Zeng 等研究了利用过氧化氢活化埃洛石纳米管表面基团并去除有机杂质。此外氢氧化钠处理埃洛石也是一种常见的增加表面羟基和活性点位的方法[6-13]。

(2)生物修饰:为改善纳米管的生物相容性,增加载体表面的官能团,许多研究者利用壳聚糖、左旋多巴、磷酸正十八酯等生物分子对埃洛石纳米管生物修饰,Jing Yang 等人成功制备壳聚糖改性的埃洛石纳米管(HNTs-g-COS)并用于负载阿霉素(DOX),研究结果显示,改性后载体与血液相容性显著改善,DOX@ HNTs-g-COS 缓释时间长达 60 天,充分说明埃洛石纳米载体对药物具有优异负载性能。Jiajia Sun 等人制备壳聚糖改性埃洛石纳米管混合膜可在管腔内部负载 3%(质量分数)的脂肪酶且具有良好的酶学性能,重复利用 10 次后仍能保持 85% 的活性。生物修饰后的纳米管表面官能团增多,有利于负载金属、贵金属和金属氧化物等。Yah 等研究者利用左旋多巴和磷酸正十八酯分别对埃洛石纳米管进行选择性修饰,用于固定 Fe_2O_3、TiO_2和药物缓释[14-17]。说明生物修饰方法有利于拓宽纳米管在催化和医学领域的应用。

(3)聚合物改性:聚合物能提高埃洛石纳米管的分散性,增大表面官能团密度,目前已被应用于药物缓释、生物医药、环境治理和生物传感等领域。

埃洛石纳米管表面的羟基有利于载体的分散,和进一步接枝活性官能团。常用的硅烷偶联剂对埃洛石表面改性,氨丙基三乙氧基硅烷(APTES)和三甲氧基甲硅烷(MPS)是两种常见的聚合物改性剂。Gaurav Pandey 等人利用氨丙基三乙氧基硅烷改性的埃洛石纳米管固定 α-脂肪酶,用于催化淀粉水解转化成还原糖。研究发现 Cu^{2+} 和 Mn^{2+} 离子对固定化淀粉酶活性的影响削弱。Pasbakhs 研究发现三甲氧基甲硅烷能有效改善埃洛石纳米管在乙烯丙烯二烯单体(EPDM)中的分散性。

大部分阳离子表面改性剂和阴离子表面改性剂也属于聚合物范畴,许多研究者利用其改性埃洛石纳米管。Zhao 等研究者利用聚乙烯亚胺(PEI)、聚(4-苯乙烯磺酸)(PSS)等高分子聚合物改善埃洛石纳米管在水中的分散性,研究改性前后纳米管对染料吸附能力变化。Levis 等研究者利用聚乙烯亚胺增加埃洛石纳米管的阳离子,用于盐酸地尔硫卓的药物缓释。表面活性剂还能影响金属在埃洛石表面的沉积过程,Ranganatha 等研究了金属锌在十六烷基三甲基溴化铵(CTAB)和十二烷基硫酸钠(SLS)改性后的纳米管表面的沉积变化,并将复合材料用于电化学性能的测试研究,发现 CTAB 改性有利于提高材料的表面性质和电化学性能[5,18-22]。

(4)插层改性:埃洛石纳米管是天然的层状硅酸盐材料,纳米片层的层间距为 7~10 Å,相同条件下多水埃洛石更易于插层。但由于结构压力大、层间距不足 1 nm,只有几种极性较强的小分子物质,可以直接对管状埃洛石插层。乙酰胺、甲酰胺、二甲基亚砜、硬脂酸和甲醇等常用的插层剂则需要通过蒸发溶剂法、超声波法、机械力学法和液相插层法等实现层间的夹带置换。Carr 等利用柠檬酸铵、醋酸、氯化钾、磷酸二氢钾、乙酸钡等化合物对埃洛石纳米管插层,但由于层间作用力弱,水洗等温和方法就能使层间距复原。因此,Xi 等研究者制备了硬脂酸/埃洛石插层复合相变材料,由于硬脂酸与内表面羟基、外表面硅氧基之间形成稳定的氢键,埃洛石的插层率高达 95.4%,层间距也由 0.74 nm 增大至 3.92 nm[23,24]。

1.2.3　埃洛石纳米管的应用现状

埃洛石纳米管热稳定性好，机械性能佳，具有良好的生物相容性，较高的比表面积和优良的吸附脱附能力。因此大量文献报道埃洛石纳米管的研究进展，包括吸附材料、储能材料、药物缓释载体、固定酶载体、复合材料添加剂、模板材料、催化剂载体等多方面，涵盖环境、能源、医药等领域。

(1)吸附材料。天然形成的埃洛石纳米管外表面富含 Si—O 基团，内表面富含 Al—O 基团。胶体电动电位分析显示氧化铝带正电荷 pH 值为 8.5，而二氧化硅带负电荷 pH 值为 1.5。化学成分的不同导致埃洛石内外管腔的电离特性和表面电荷差异，使得 HNTs 内表面带正电外表面带负电。根据溶液中环境污染物的电荷不同，埃洛石纳米管能够实现对阳离子染料和阴离子染料的选择性吸附，如图 1.2 所示。

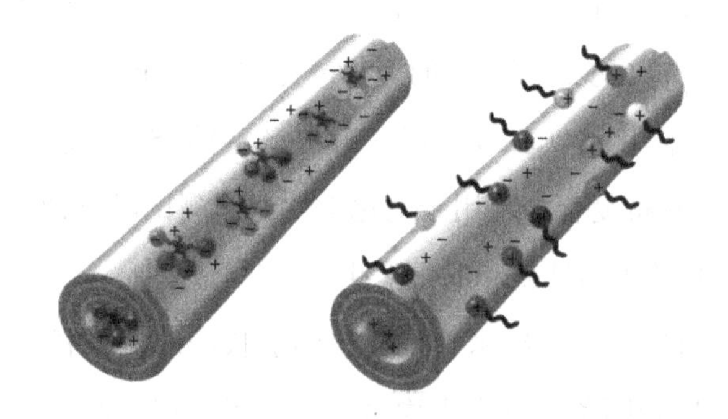

图 1.2　埃洛石纳米管对阳离子、阴离子的选择性吸附

对埃洛石纳米管早期的研究多集中于阳离子染料的吸附去除，通过适当改性也可用于阴离子染料的吸附。Liu 等人利用埃洛石纳米管吸附阳离子染料甲基紫(MV)，结果表明最大吸附量为 113.64 mg/g，吸附之后通过简单煅烧便可实现染料的脱附，说明埃洛石是一种有效的阳离子染料吸附剂。而后 Liu 和 Duan 等人又制备了磁性 Fe_3O_4-HNTs 纳米材料，在保持埃洛石对甲基紫高吸附量的同时增加材料的磁性，研究显示该磁性纳米材料易于

分离、再生能力强。Wang 等研究者利用十六烷基三甲基溴化铵(HDTMA)改变埃洛石纳米管的表面电荷,表征显示季铵盐阳离子成功接枝在纳米管表面。改性后的埃洛石吸附铬(Ⅵ)的能力增强,五分钟就可达到90%以上的吸附量。此外,利用改性后埃洛石纳米管对气体、疏水性有机污染物也有较高吸附量[5,25-28]。

(2)储能材料。埃洛石纳米管具有高孔隙率和大比表面积,使其对热能有超强的吸附/解吸能力,可用作传统储能材料的优良替代材料,在绿色能源开发领域发挥重要作用。Zhang 等人制备了石蜡埃洛石复合相变材料,埃洛石纳米管对石蜡的最大吸附量 65%(质量分数),复合材料的相变潜热为 106.54 J/g。经 50 次熔化冻结循环未发生石蜡流失。说明埃洛石纳米管制备的复合相变材料热稳定性好、热能储量大,是优良的潜热存贮材料。此外在储氢方面,埃洛石纳米管具有高孔隙度和大比表面积,是一种性能优良的储氢材料。有文献报道未改性埃洛石纳米管的最大储氢量为 0.436%。经过适当改性后的埃洛石纳米管能够贮存或封装太阳能等各种形式的潜热,是一种优秀的复合相变材料,逐渐成为新能源开发领域的研究热点[29-31]。

(3)药物缓释载体。埃洛石纳米管环境友好,具有良好的生物相容性,其复合材料在生物医学领域的应用广阔。与一些具有小孔径(大小与小分子大致相同)的蒙脱石等传统硅酸盐黏土载体相比,内径为 10~20 nm 的管状埃洛石纳米管更适合固定生物大分子或用于药物控制释放。埃洛石纳米管在化妆品、乳膏和医疗植入物(如牙齿、骨骼填料)等诸多药物缓释方面广泛应用。生物体内没有降解铝硅酸盐黏土的机制,因此静脉注射中无法使用埃洛石。

埃洛石纳米管表面改性后可用作多功能纳米空心载体,在细胞内药物运输、控制释放等方面有独特的优势。目前已有研究证实埃洛石纳米管装载的药物持续缓释时间长(10~20 h),可用于四环素、烟酰胺腺嘌呤二核苷酸、阿霉素等药物的负载与可控释放。药物在埃洛石纳米管中的迁移扩散模式不同于常规扩散控制系统，埃洛石可以利用内外表面电荷差异实现对药物的选择性吸附和运输。生物大分子与埃洛石结合制备具有独特性能的新材料，负载于埃洛石表面的靶向涂层可用于定向捕获白血病和上皮癌细胞。有研究者认为将 DNA 装载到埃洛石纳米管中将是另一个颇具价值的研究方向[32-36]。

(4)固定酶载体。埃洛石纳米管具有管状空腔的特殊结构、良好的生物学相容性和高负载能力，可根据表面电荷差异对生物大分子进行选择性负载和传输。一般来说高于埃洛石纳米管等电点的带负电荷蛋白质大多被装载到带正电的管腔内，反之则固定在带负电的管壁外表面。

埃洛石纳米管生物分子固定方面，可用作良好的生物反应器，能有效延长酶蛋白的贮存时间，拓宽酶的温度耐受范围。埃洛石对漆酶、葡萄糖氧化酶、脂肪酶、辣根过氧化氢酶(HRT)、α-淀粉酶和脲酶等均有优秀的负载能力。以埃洛石为载体的固定酶在热稳定性、操作稳定性和贮存稳定性方面都得到改善[33,36-38]。

(5)复合材料添加剂。埃洛石纳米管表面富含羟基具有良好亲水性，在环氧树脂、聚酰胺、聚乙烯亚胺、聚乙烯醇、聚偏氟乙烯、生物高分子(果胶、淀粉、壳聚糖等多糖类物质)以及腐殖酸等极性聚合物溶液中具有良好的分散性，能显著改善聚合物的拉伸轻度、撕裂强度和硬度。Du 等研究者利用埃洛石纳米管提高环氧树脂的阻燃性，Thakur 利用埃洛石改善聚偏氟乙烯的介电常数。埃洛石纳米管较高的长径比使聚合物的弹性强度沿轴向显著增强，同时形成各向异性的光学、机械学性能[39-41]。

(6)纳米模板材料。纳米材料的尺寸和形状强烈影响材料的性能，二维和三维纳米颗粒组装技术成为材料合成的研究热点。其中模板导向技术已经在组装纳米线、纳米簇方面应用，常用的模板有蛋白、脂类、DNA、纳米管等。已有研究者利用化学电镀法在埃洛石表面沉积形成棒状金属壳，随后在强酸作用下去除埃洛石模板,利用埃洛石纳米管的几何结构合成介电性能和磁性都有所改善的金属镍膜。埃洛石表面的活性位点有利于吸引金属离子沉积,空腔结构有利于控制晶体的生长方向,可用于制备结构新颖性能优异的纳米棒、纳米线等材料。Lvov 等研究者利用纳米管的空腔结构制备直径 5 ~ 10 nm 的银颗粒,加热处理后在埃洛石管腔内表面形成一层均匀的银膜,以此来增加黏土矿物的金属特性,拓宽埃洛石纳米管的应用领域[42-45]。

(7)催化剂载体。在非均相催化中,比表面积、机械强度、热稳定性、吸附脱附能力等都是判断载体性能优劣的重要因素。因此,埃洛石纳米管是一种常用的优良载体,其表面活性位点和活性基团能与催化剂产生协同效应,提高催化剂的性能。以埃洛石为载体制备的金属、贵金属、金属氧化物及过渡金属氧化物复合催化剂,已经在工业催化、光催化以及生物催化降解等领域应用。除此之外,埃洛石纳米管还能作为催化剂直接参与催化甲醇、乙醇和月桂酸之间酯化反应[46-49]。

综上所述,埃洛石纳米管是一种结构特殊、性能优良、用途广泛的天然纳米材料,在环境、能源、医药、化工等领域均有一定的研究潜力和实用价值。

1.3 酶固定技术

所谓酶的固定技术,就是利用物理和/或化学方法稳定酶分子的三维构象,使之仍然保持生物酶的活性和高效催化性能,并具有重复利用性的一种方法[50]。酶与载体常见的几种固定方式有物理吸附、共价键结合、交联结合、包埋固定,如图 1.3 所示。

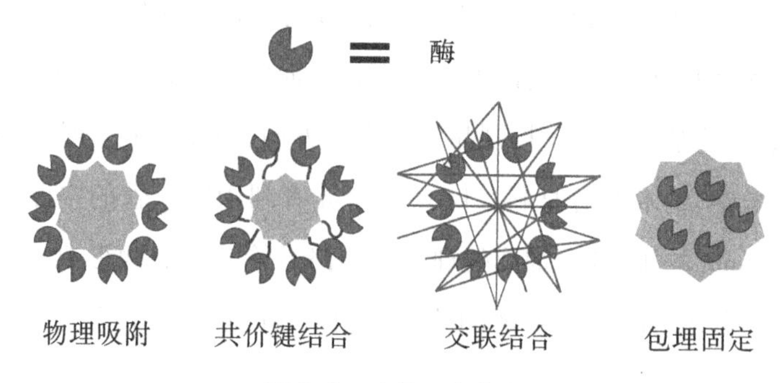

图 1.3　酶的固定方式

1.3.1　物理吸附

物理吸附法是利用范德华力或静电引力等作用，将游离酶吸附固定到载体周围的方法[51]。这种方法固定过程绿色环保、条件温和、操作简单，不会引起酶失活或造成酶变性。载体的选择范围也比较广阔，活性炭、介孔二氧化硅、羟基磷灰石等许多无机材料都可用于固定酶。在生物酶对载体的适应性方面，最大限度地维持了酶活性中心的原有构象，保留了游离酶的原有酶活。但也因载体与酶蛋白分子之间几乎没有化学键的形成，导致两者之间的结合力偏弱，容易受环境温度、pH、离子强度变化的影响，致使吸附的酶分子从载体表面脱落。因而，该固定方法得到产物的重复利用性相对较差。Wang 等研究者将辣根过氧化物酶(HRP)固定在二氧化硅和羟基磷灰石的复合电极材料中，在生物传感器中表现出对 H_2O_2 的高灵敏度和较高酶活[52]。Joshua Tully 利用静电引力实现了埃洛石纳米管对漆酶、葡萄糖氧化酶和脂肪酶的吸附固定，如图 1.4 所示[53]。埃洛石纳米管外部荷负电便于吸附固定带正电的生物大分子，内部管腔则可实现对荷负电生物分子的固定。根据生物酶的等电点 PI 调节溶液的 pH，能够增加载体与酶之间的静电引力，增加吸附稳定性。

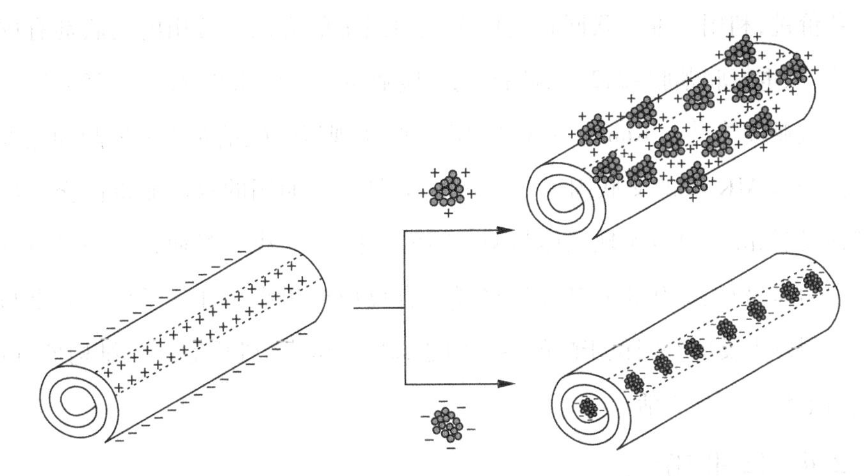

图 1.4 埃洛石纳米管对酶的吸附固定

1.3.2 共价键结合

共价键结合是通过酶与载体之间形成的共价键实现游离酶固定的一种方法。一般认为共价结合只能发生在酶与载体表面的某些特定官能团之间。以游离酶为例,与载体结合的官能团有:多肽键的 α-氨基,谷氨酸的 α-羧基,赖氨酸的 ε-氨基,天门冬氨酸的 β-羧基,半胱氨酸的巯基,络氨酸的酚环和组氨酸的咪唑基等[54]。这些官能团有很多都是结合基团,有的位于活性中心之内,有的位于活性中心之外。结合基团虽然不直接参与酶促反应,却在维持酶的特殊空间构象方面至关重要。若活性中心之内的结合基团被共价修饰,则生物酶的三维空间结构就会发生较大的改变,对固定酶活性及催化作用的发挥产生抑制作用。共价键结合的优点是酶蛋白分子与载体结合牢固,不易发生脱落或脱附,具有良好的操作稳定性和重复利用性。但是共价键结合过程反应条件苛刻且反应过程剧烈,又普遍发生在酶的活性中心附近,难免会引起酶蛋白四级结构的翻折变形,导致酶的催化活性中心发生变化。

1.3.3 交联结合

交联结合是通过双功能或多功能交联剂,在酶蛋白分子与载体之间形成共价键,利用三维交联网状结构实现酶固定的方法。常用的交联剂有戊二醛,双重氮联苯胺-2,2-二磺酸,乙二胺亚胺酶二甲酯和N,N-乙烯双顺丁烯二酰亚胺等[55]。Kumar等人利用戊二醛实现海藻酸钠对木聚糖酶和地衣芽孢杆菌AIK-1的交联固定[56]。戊二醛是一种通用的双功能蛋白交联试剂,两端的醛基可以实现载体与酶之间的桥接[57]。戊二醛通常与酶蛋白分子中的咪唑基、巯基和氨基发生羟醛缩合反应或迈克尔加成反应。如果与交联剂发生反应基团位于酶的活性中心,就会影响活性中心的三维构象,造成固定酶的部分失活。

1.3.4 包埋固定

包埋固定通常把酶分子限定在载体内部,不会破坏酶的空间构象,也不需要与酶的氨基残基发生反应,因此该方法固定的酶回收率较高。但是固定在载体内部的酶与底物之间存在较大的传质阻力,酶促反应的时间也会增加。通过将液态天然高分子化合物与酶液直接共混,就可实现海藻酸钠、淀粉、壳聚糖等对酶的有效包埋。也可利用聚丙烯酰胺、树脂材料等的高聚物网络实现对酶的包埋。Hongfei Sun等人将漆酶固定在壳聚糖改性的聚丙烯酰胺水凝胶载体(PAM-CTS),对孔雀石绿色溶液进行连续六次循环脱色,Lac-PAM-CTS显示良好的稳定性和高效性[58]。Santalla等研究者利用溶胶凝胶法将漆酶、南极假丝酵母脂肪酶B和辣根过氧化物酶固定在有序介孔氧化硅上,有效避免酶分子构象的翻折变形[59]。由于包埋法本质上还是物理吸附,与酶的结合并不牢固,因此需要与共价键结合、交联结合等方法联用,克服实际使用中的脱附问题。

1.4 载体的选择

载体作为固定酶的重要组成部分,其物理性质和化学性能均会对催化效果产生影响。载体与酶蛋白的相互作用可以改变酶活中心的构象,影响底物与酶之间的传质阻力。因此在酶固定化过程中,载体的选择至关重要[60]。一般来说,需要选择具有较大比表面积、较强机械强度,良好的生物相容性的材料。根据材料的组成的不同将常见载体分为三类:无机材料、天然高分子材料、合成高分子材料。

1.4.1　无机材料

无机材料因具有较强的机械强度,不受环境中酸碱度变化的影响,对搅拌引起的剪切力和反应体系的压力有一定抵抗能力,而且价格实惠使用周期长,因此二氧化硅、介孔二氧化硅[61]、分子筛、羟基磷灰石等在工业应用中常作为固定酶载体。一般很少单纯利用无机材料直接固定酶或生物大分子。通常是对无机材料表面进行改性,在其表面添加具有特殊结构的官能团,利用共价键结合或交联结合的方式得到结合紧密、稳定性良好的固定酶。Tan 把漆酶固定在二氧化硅表面用于降解造纸废水中的 COD[62]。Li 成功制备氧化锌纳米线并用于固定漆酶,对艳蓝 B 和酸性蓝 25 的降解率均达到93% 以上[63]。Wang Ping 等研究者使用溶胶凝胶法将 α-蛋白酶(EC 3.4.21.2)固定在3,3,3-三甲氧基丙醛改性的介孔玻璃中,改性后的介孔材料表面富含羟基,酶促反应速率比游离酶提高了 1 000 倍[64]。随着纳米材料的广泛使用,越来越多的研究者关注生物酶在纳米无机材料的固定。Siva Kumar-krishnan 等人用 APTES 改性埃洛石纳米管负载银离子后固定葡萄糖氧化酶(GOx)用于生物电化学检测葡萄糖,所得纳米复合材料显示出良好的葡萄糖氧化酶(GOx)固定性能[65]。壳聚糖改性的埃洛石纳米管对辣根过氧化物酶有良好的固定能力,酶的负载量及其对酚类的降解效率都相对较高[66]。

1.4.2　天然高分子材料

海藻酸钠表面富含羟基和羧基,能与多种离子发生共价吸附,常用来固定生物分子。海藻酸钠在水中与钙离子、钡离子结合生成海藻酸钙/钡凝胶,是固定酶中常见的载体。海藻酸钠/钡凝胶可用于固定淀粉酶、葡萄糖氧化酶、葡萄糖苷酶等,用于化工合成、生物传感等领域。纤维素、淀粉、琼脂糖和壳聚糖等多糖,具有良好的生物相容性,是固定酶的良好载体。壳聚糖因其良好的生物相容性已经在生物医药方面广泛使用。Haider 利用包埋法将 β-半乳糖苷酶固定在海藻酸钠内[67]。Taqieddin 等研究者成功制备核壳结构的壳聚糖-海藻酸钡胶囊,用于固定 β-半乳糖苷酶[68]。Wu 制备的磁性 Fe_3O_4-壳聚糖纳米颗粒对脂肪酶的固定量高达 129 mg/g[69]。此外明胶、白蛋白等蛋白质也在酶固定方面取得理想结果[58]。高分子材料内部开放的孔道网络结构能有效减小酶分子的扩散阻力,使酶均匀地分布在载体内部,制得的固定酶具有良好的稳定性和较高的酶活。

1.4.3 合成高分子材料

合成高分子材料具有良好的机械性能和加工性能,在酶固定化领域颇具潜力。常见的合成高分子材料有聚丙烯酰胺[70]、聚丙烯腈[71]、聚丙烯等,利用单体与交联剂形成的不溶水的网络结构实现对脂肪酶、蔗糖酶、过氧化氢酶和葡萄糖氧化酶的固定。Munjal 等人将络氨酸酶(EC 1.14.18.1)分别固定在聚丙烯酰胺、海藻酸盐和明胶凝胶中,对比研究载体对固定量和酶活的影响[72]。也有研究将中空纤维用于乳糖酶、氨基酰化酶、假丝酵母脂肪酶的固定,并在工业中广泛应用[73,74]。由于能够根据实际使用要求研发具有特殊性能的新材料,因此合成高分子材料在固定酶领域具有一定研究价值和发展潜力。

1.5 固定酶的性质

游离酶参与的酶促反应具有过程温和绿色、反应高效快速等特点,固定酶在保持这些特性的同时,又提高了操作稳定性和重复利用性。固定酶能够适应较长时间、反复批次的反应,更容易从反应体系中分离,从而有效提高酶的利用率,降低了运行成本。同游离酶相比,固定酶的最适 pH、最适温度、米氏常数等会因为载体对酶活中心的影响而改变。

1.5.1 固定化酶的活性与稳定性

同游离酶相比,固定酶在抵抗体系酸碱变化、温度变化、离子强度变化等诸多方面都有不同程度提高。目前解释固定酶稳定性增强的机理有很多,有观点认为酶催化中心游离态时呈柔性结构,极易导致构象变化。载体与酶的多点结合改变了活性中心的分子结构,使之在外界环境变化时趋向于保持自身结构的稳定。也有观点认为酶分子构象的稳定是疏水相互作用、氢键作用、离子相互作用及范德华力等多种非共价作用力共同作用的结果[76]。而当游离酶周围温度或 pH 变化时,这些作用力便会迅速减弱。将酶固定在载体或一定区域,载体会对酶的活性中心产生立体屏蔽作用,增加了酶活性中心构象的改变时的阻力,从而大大降低酶活中心被破坏的程度,一定程度上削弱了外界环境变化对酶活造成的伤害,因而起到增强固定化酶稳定性的作用。

1.5.2 最适反应条件的变化

游离酶经固定化处理之后,酶促反应的最适温度、最适 pH 也常常会发生偏移。一般认为,这是由两方面原因造成的。一方面由于存在空间位阻效应,固定酶的活性中心与底物之间的传质阻力增大,导致固定酶的催化活性降低;另一方面,载体的保护在一定程度上削弱了环境温度变化对酶的活性中心造成的影响。另外,载体的表面电荷也会对酶促反应的最适 pH 有一定的影响。在阳离子型载体固定酶体系中,由于载体对阴离子的吸引使得酶周围的碱性增强,所以想要发挥最大酶活,就需要更强的酸性环境中和载体带来的过多阴离子[77]。反之亦然。

1.6 漆酶简介

漆酶(EC 1.10.3.2)普遍存在于自然界中,因日本的 Yoshida 从漆树中发现而命名[78]。近年来,也不断有研究者于昆虫和原核生物体内发现具有鲜明漆酶特性的糖蛋白。漆酶既可以参与复杂化合物的聚合、解聚催化过程,也可以参与昆虫的表皮硬化过程,甚至还可以参与孢子的防紫外线自组装过程。此外还有研究发现,漆酶可以保护真菌免受植物抗毒素、单宁酸剧毒的病害。因此,在废水处理、染料漂白、芳香化合物降解、手性化合物合成以及生物传感器方面,漆酶均有相当重要的应用价值[79]。

以 ISI 数据库统计为例,主题为 Laccase 的论文在 2007 年至 2016 年间由 512 篇/年增长至 795 篇/年,研究领域涉及化学合成、生物技术、水资源、微生物等。然而,游离酶在实际应用中却囿于难以重复利用,如果要实现生物酶的工业化应用,需要克服以下限制:

(1)酶的制作成本普遍较高,生产大量价格优惠的酶制剂基本很难做到。

(2)游离漆酶的稳定性较差,失活后很难复苏或激活且无法重复利用。

(3)实际废水处理体系中存在许多不定因素,可能会对酶催化能力产生抑制作用。比如螯合铜离子和氨基的改性都会导致漆酶构象的变化,抑制漆酶的催化活性。有学者研究发现,叠氮、巯基乙酸、二乙基二硫代氨基甲酸铵等将铜还原成螯合铜的化合物,都会抑制游离酶的酶活[80]。反应体系的离子浓度过高也会抑制酶活,比如醋酸盐化合物,Hg^{2+}、Sn^{2+}、Zn^{2+}、Fe^{2+}、Fe^{3+}等重金属离子,F^-、Cl^-、Br^-等卤族离子,丙酮、乙腈、二甲基亚砜等有机溶剂,十二烷基磺酸钠等阴离子表面活性剂等。因此,需要采用合适的方法和载体制备固定酶,提高其贮存稳定性和操作稳定性。

1.6.1 典型的漆酶反应体系

漆酶在白腐真菌中很常见,是一种木质素分解酶,具有广泛的底物特异性,能够利用水中溶解氧作为最终的电子受体,消耗水中的溶解氧生成水,高效催化降解多种不同酚型的有机物,如氯酚、双酚 A、壬基苯酚和三氯生等[81,82]。在小分子电子传递介体的作用下,漆酶的底物范围甚至可以扩充至非酚类化合物。因此,漆酶在生物修复、废水处理方面一直是生物酶催化领域的研究热点。

图1.5是漆酶的活性中心示意图,可以看到四个铜原子组成的铜簇结构构成了漆酶的活性中心,各个铜原子之间存在高强度的电子吸引作用。T1型铜赋予漆酶典型的蓝色,该区域是蛋白质氧化底物的活性中心。T2型和T3型铜形成一个三环的铜簇结构,在该区域氧气被消耗生成产物水[83]。

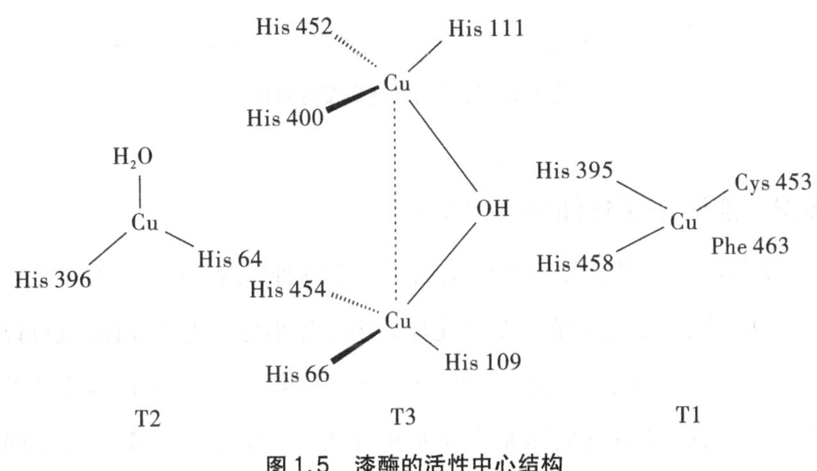

图1.5 漆酶的活性中心结构

漆酶氧化分解酚类芳香族或脂肪族底物的单电子氧化过程,如图1.6(a)所示[84]。整个催化过程消耗一分子的氧气得到两分子的水,伴随四个底物分子转化成四种活性自由基,这些自由基继续进行耦合反应生成二聚体、低聚体,最终生成聚合物。这便是典型的漆酶反应机理。

漆酶的氧化能力很强,可以氧化多种芳香烃底物,因此在制浆废水、造纸废水处理和生物修复等实际应用领域引起研究者的极大兴趣。然而,同其他木质素分解氧化酶的氧化还原电位(>1 V)相比,漆酶的氧化还原电位只有0.5~0.8 V。偏低的氧化还原电位不适合降解高电势的酚类化合物,更不可能氧化降解顽固的芳香烃化合物,或氧化降解其他不同类型的工业染料。

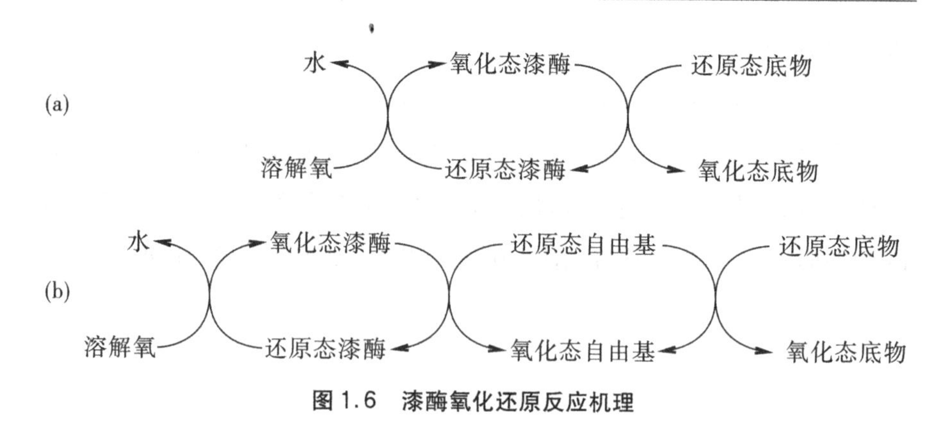

图 1.6 漆酶氧化还原反应机理

1.6.2 漆酶电子介体体系(LMS)

漆酶的电子介体体系(LMS)适用于以下两种情况:①漆酶的氧化还原电位在0.8 V左右,通过在漆酶氧化体系中添加小分子电子介体,就可以实现对非酚类化合物的氧化降解。②当底物分子太大,不便于进入漆酶的活性中心时,也可以向反应体系中添加电子介体,以此充当漆酶的中间底物,利用漆酶/电子介体体系(LMS)实现去除污染物的目的。根据文献报道,常用的小分子电子介体有2,2-连氮基-双-(3-乙基苯并二氢噻唑啉-6-磺酸)(ABTS)、1-羟基苯并三唑(HBT)、紫尿酸(VIO)、N-羟基乙酰苯胺(NHA)等-NOH-型合成电子介体[85,86]。

LMS的本质是对环境自净过程的模拟,如图1.6(b)所示。一般认为在小分子电子介体和漆酶之间实际存在一个氧化还原循环——首先漆酶活性中心发生4个单电子转移,溶解氧被还原成水,漆酶被氧化成氧化态漆酶;接着氧化态漆酶将电子介体氧化生成非常活泼的氧化态自由基,同时氧化态漆酶被还原成漆酶[86,87];最后,扩散到废水中的氧化态电子介体,与污染物反应后又被还原。也有理论认为,电子介体帮助漆酶和非酚类底物克服了空间阻碍,起到电子传递桥梁的作用。

Lei Lu和Min Zhao等人研究发现,通过添加小分子的电子传递中间体,能够提高漆酶氧化底物的范围,甚至可以使某些顽固性染料脱色[89-91]。在该研究中,游离漆酶和海藻酸钠/壳聚糖固定化漆酶对茜素红(Alizarin Red)的脱色率极低。但是向体系中投加 0.1 mmol/L 2,2-连氮基-双-(3-乙基苯并二氢噻唑啉-6-磺酸)(ABTS)后脱色率显著增大,重复利用三次后仍能保有 35.73% 的脱色率。Adinarayana Kunamneni 等人对比考察了投加 1-羟基苯丙三唑(HBT)前后,环氧基团活化的聚甲基丙烯酸酯载体上共价固定的漆酶对活性黑 5、酸性蓝 25、甲基橙、活性蓝 B、甲基绿和酸性绿 27 这六种合成染料的脱色率变化。研究表明不添加 HBT 时,固定漆酶对活性黑 5、活性蓝 B 几乎没有任何去除效果,添加后脱色效果显著增强。在溶解氧充足的水溶液中,弱酸性的 HBT 转化成活泼的苯并三唑基-1-氧化物,同漆酶发生协同作用氧化降解非木质素类芳香族化合物。Sun 等研究者将漆酶和电子介体同时固定在水凝胶中,得到的 IMM-LMS 具有良好的性能,有助于降低电子介体的潜在毒性,降低 LMS 的应用成本[92]。

小分子电子介体的引入,显著提高漆酶的催化性能,有助于拓宽漆酶在痕量物质检测、纸浆生物漂白、有机污染物降解、生物传感器等领域的应用,LMS 体系也逐渐成为国内外关注的热点。LMS 的前期研究重点都放在了电子介体的选择上,几乎很少关注 LMS 的水溶性对漆酶操作稳定性和重复利用性的限制,所以寻找绿色、温和、高效的固定方法,制备性能良好的固定化 LMS 体系成为今后研究漆酶电子介体体系的关键[93,94]。

1.7 研究内容与创新性

1.7.1 研究内容

HNTs 与许多其他纳米管一样,具有团聚成束的倾向,导致有效比表面积的降低,从而导致生物分子固定的性能受到一定程度的阻碍。为了解决这个问题,本书利用四种不同的方法对埃洛石纳米管进行改性,研究其对漆酶固定效果的影响。埃洛石纳米管在溶液中容易团聚,影响游离酶的固定增大酶与底物的传质阻力，通过熔盐法改性埃洛石纳米管，使材料表面粗糙度增大、活性点位增多，有利于附着游离氨基。利用聚二烯丙基二甲基氯化铵 PDDA 涂覆改性埃洛石纳米管，生成表面富含正电荷、黏附力得到改善的 PHNTs，酶分子通过静电引力与载体牢固结合。

为拓宽固定酶在工业中的应用，本研究合成了尺寸更大、便于分离的壳聚糖/埃洛石自组装微球及聚乙烯醇/埃洛石复合颗粒。仿生复合微球和复合颗粒在微米和纳米尺度上形成互相连通的孔通道，这种特殊的结构使底物与固定酶的活性中心更容易接近，减少或消除底物的传质阻力并因此增强酶活性。以这些改性后的材料为固定酶载体，对比固定前后酶学性能的变化发现，这些材料不同程度地改善游离酶的操作稳定性和重复利用性。固定酶对氯酚废水也能实现快速有效降解，加入一定量电子介体后，对非酚类废水也有较好的降解效果。技术路线如图 1.7 所示：

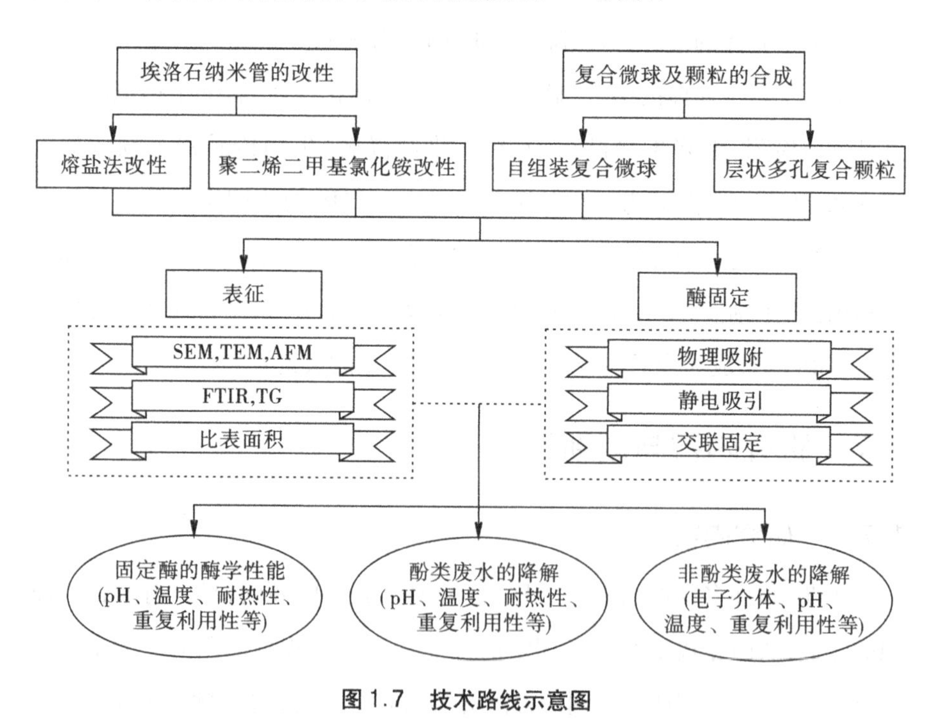

图 1.7　技术路线示意图

1.7.2 研究的创新性

（1）利用熔盐法对埃洛石纳米管表面进行选择性刻蚀，以此提高埃洛石纳米管表面的粗糙度，增大其比表面积，为酶的固定提供更多可供结合的活性位点和表面缺陷，且固定酶在使用中不易脱落，重复利用性显著提高。

（2）利用多巴胺的自聚合作用和超强黏附性，增强埃洛石纳米管三维空心微孔结构的机械强度及仿生学特性。微球中具有纳米尺寸、微米尺寸组件的优点，能够有效减少酶与底物的传质阻力，增大载体对酶的固定量。

（3）首次将漆酶/介体体系（LMS）中的漆酶固定化，显著提高反应系统的重复利用性和 pH 稳定性，说明固定酶/介体体系在降解活性染料领域颇具工业应用潜力。

2 酶学性能测试方法

2.1 实验材料

2.1.1 实验药品

实验所用药品如表 2.1 所示。其他试剂为分析纯,购自科密欧试剂有限公司。实验用水为去离子水。

表 2.1 实验所用药品

试剂名称	厂家
漆酶(EC 1.10.3.2)	Sigma 试剂
ABTS(≥99%)	Sigma 试剂
考马斯亮蓝 G-250(AR)	阿拉丁试剂
磷酸氢二钠(≥98%)	阿拉丁试剂
柠檬酸(≥98%)	阿拉丁试剂
牛血清蛋白(BSA)	阿拉丁试剂

2.1.2 实验仪器

实验中所用仪器如表 2.2 所示。

表 2.2 实验中使用的仪器设备

仪器名称	型号规格	生产厂家
电子分析天平	FA2204B	上海精科天美科学仪器有限公司
全温度恒温振荡培养箱	HZQ-F100	太仓市华美生化仪器厂
电冰箱	BCD-215TQMB	美的基团
磁力搅拌器	HJ-4	巩义予华仪器有限责任公司
超声波清洗器	KH-100	巩义予华仪器有限责任公司
高速台式离心机	TGL-16C	上海安亭科技仪器有限公司
真空冷冻干燥机	FD-1B-50	北京博医康实验仪器有限公司
真空干燥箱	DZF-6020	巩义予华仪器有限责任公司
紫外-可见分光光度计	UV-2450	日本岛津公司

2.1.3 试剂配制

(1)ABTS 溶液的配制:准确称量 2,2-连氮基-双-(3-乙基苯并二氢噻唑啉-6-磺酸)(ABTS)274 mg,避光条件下磁力搅拌溶解于去离子水中,随后定容至 50 mL 棕色容量瓶,即得到 1 mmol/L 的 ABTS 溶液。由于 ABTS 在光照条件下容易发生氧化反应,因此需要现配现用,低温避光贮存。一旦发现溶液变绿,就说明已经氧化变质。

(2)Na_2HPO_4溶液的配制:精确称量 71.628 g Na_2HPO_4,磁力搅拌溶于去离子水中,定容至1 000 mL白色容量瓶中,将得到的 0.2 mol/L 的 Na_2HPO_4 溶液室温保存。

(3)柠檬酸溶液的配制:精确称量 21.01 g 柠檬酸,磁力搅拌溶于去离子水中,定容至 1 000 mL 白色容量瓶中,将得到的 0.1 mol/L 的柠檬酸溶液 4 ℃保存。

(4)Na_2HPO_4-柠檬酸溶液的配制:按照表 2.3 以一定的体积比例将 0.2 mol/L的 Na_2HPO_4溶液和 0.1 mol/L 的柠檬酸溶液混合,即得所需 pH 值的柠檬酸-Na_2HPO_4缓冲溶液。精确 pH 需用 pH 计进行精准标定。

表 2.3 缓冲液体积比

pH	Na_2HPO_4/mL	柠檬酸/mL
2	0.80	21.20
3	4.94	15.06
4	7.71	12.29
5	10.30	9.70
6	12.63	7.37
7	16.47	3.53
8	19.45	0.55

(5)蛋白质标准液的配制:将一含量的牛血清蛋白溶解在 0.15 mol/L 的 NaCl 溶液中,配制成 1 mg/mL 的蛋白质标准液备用。为防止蛋白标准蛋白液变性,需要低温贮存。

(6)蛋白试剂的配制:首先将 100 mg 考马斯亮蓝 G-250 溶于 95% 的乙醇溶液,然后加入 100 mL 的 0.85 g/mL 的磷酸,最后转移至 1 000 mL 容量瓶中定容备用。所得蛋白试剂中含有 0.000 1 g/mL 的考马斯亮蓝 G-250、0.047 g/mL 的乙醇和 0.085 g/mL 的磷酸。蛋白试剂需要低温避光贮存。

2.2 漆酶的酶活测定

漆酶的活性中心由 4 个铜离子构成,分别是 1 个 Ⅰ 型铜离子(T1),1 个 Ⅱ 型铜离子(T2)和 2 个 Ⅲ 型铜离子(T3)。在与底物反应的过程中,底物被氧化成自由基,漆酶的 Ⅰ 型铜离子得到一个转移电子[95]。然后电子通过组氨酸-胱氨酸-组氨酸三肽结构,传递至由另外三个铜离子组成的三核铜簇中。因此,可以通过测定漆酶氧化底物时生成自由基的产量来获得其酶活。

通常来说 ABTS、DMP、丁香醛连氮和愈创木醇都是漆酶常见的底物[96]。DMP、丁香醛连氮和愈创木醇在与漆酶反应的过程中,形成的自由基不稳定,除了进一步氧化为醌类物质外,还会转化为碳自由基。但该类方法需通过测量某波长下的醌类含量来计算漆酶酶活,因此转化成 C—C、C—O 偶联产物的这部分产物并未计算在内,使得酶活的测定存在不稳定性。相比之下,ABTS 具有四个显著特征:ABTS 被漆酶氧化为自由基的过程中,没有副反应发生,产物只有 $ABTS^{2+}$,且自由基在水溶液中比较稳定;与漆酶反应的 K_m 很小,说明漆酶对其有很高的亲和力;在 pH = 2 ~ 11 范围内,ABTS 的氧化不受酸碱变化的影响;ABTS 有色溶液的摩尔消光系数[360 L/(mmol · cm)]较高,说明以之为底物测定漆酶活力的灵敏度较高[97]。因此为了能准确、稳定地反映真实酶活力,可以利用 ABTS 与漆酶反应时生成的阳离子自由基的产率来测定漆酶的酶活力。

2.2.1　游离酶的活力测定

测定游离漆酶的活力时,需要在一定温度下,将 1 mL 稀释的酶液、1 mL 某 pH 的磷酸氢二钠-柠檬酸缓冲液混合均匀并转移至比色皿[98]。随后加入 1 mL ABTS(1 mmol/L)激活反应,并即刻在紫外-可见分光光度计中读取最大吸收波长 420 nm 处 180 s 的吸光增值。根据国际酶学会议的相关规定,以每分钟氧化 1 μM 的 ABTS 所需要的游离酶量定义为 1 个酶活力单位(U),公式如下:

$$A_f = \frac{\Delta OD_{420} \times V_1}{t \times \varepsilon \times V_2 \times C} \tag{2.1}$$

式中,A_f代表游离酶的活力,单位为 U/(mL · min);ΔOD_{420}代表 180 s 反应时间内 420 nm 的吸光度增量,无单位量纲;V_1代表反应的总体积,单位 mL;t 代表反应时间,单位为 min;ε 代表 $ABTS^{2+}$ 的摩尔消光系数,360 L/(mmol · cm);V_2代表加入酶液的体积,单位 mL;C 代表酶液浓度,单位 mg/mL。

2.2.2 固定酶的活力测定

固定酶不溶于水,在酶活力测定方法上与游离酶略有差别。在一定温度下,准确称取定量干燥后的固定酶,加入 3 mL 某 pH 的磷酸氢二钠-柠檬酸缓冲液和 1 mL ABTS(1 mmol/L)的混合液中,反应 5 min 后加入 5 μL 浓盐酸终止反应。随后在紫外-可见分光光度计中测定上清液在 420 nm 处的吸光度值,利用下列公式计算固定酶的酶活力。

$$A_i = \frac{OD_{420} \times V_1}{t \times \varepsilon \times V_2 \times m} \tag{2.2}$$

式中,A_i代表固定酶的活力,单位为 U/(mg · min);OD_{420}代表 420 nm 的吸光度值,无单位量纲;V_1 代表反应的总体积,单位 mL;t 代表反应时间,单位为 min;ε 代表 $ABTS^{2+}$的摩尔消光系数,360 $mmol/L^{-1} \cdot cm^{-1}$;$V_2$代表加入酶液的体积,单位 mL;$m$ 代表固定酶质量,单位 mg。

固定酶的活性回收率 R 是另一个衡量固定酶性能的重要指标,其计算公式如下[99]:

$$R = \frac{A_i}{A_f C} \times 100\% \tag{2.3}$$

式中,A_i为固定化酶的酶活力,单位为 U/(mg · min); A_f为初始给酶量的酶活力,单位为 U/(mL · min);C 代表游离酶液浓度,单位为 U/(mg · min)。

2.3 载体固定量的测定

本研究选用考马斯亮蓝 G-250 蛋白含量测试方法(Bradford 法),来确定漆酶在各个不同载体上的固定量[100]。考马斯亮蓝 G-250 在酸性游离状态下呈棕红色,易于同蛋白质中的精氨酰和赖氨酰结合。当其与蛋白质结合后,2 min 内即可迅速达到反应平衡,颜色由红变蓝,最大吸收峰位也由 465 nm 红移至 595 nm。该测试方法就是基于考马斯亮蓝 G-250 对蛋白质的这种特异性,通过测定 595 nm 处蛋白质和染料复合物引起的光吸收增量,得到溶液中蛋白质的浓度。由于蛋白质染料复合物在紫外中的消光系数相对较大,通常认为该方法的灵敏度相对较高。考马斯亮蓝 G-250 蛋白含量测试法的具体操作如下。

按照不同比例将牛血清蛋白液与 5 mL 蛋白试剂在试管中纵向倒转混合。2 min 后样品转移至比色皿,在595 nm 下测定吸光度值。所有样品需在 1 h 内测完。根据相应的 $OD_{595\ nm}$对应的蛋白质量,做吸光度浓度的标准曲线。蛋白标准液的配制如表 2.4 所示。

表 2.4 蛋白标准液的配制

编号	0	1	2	3	4	5	6	7	8
蛋白液体积/μL	0	500	1 000	1 500	2 000	2 500	3 000	3 500	4 000
pH5 缓冲液/μL	4 000	3 500	3 000	2 500	2 000	2 500	1 000	500	0
蛋白试剂/mL	5	5	5	5	5	5	5	5	5
蛋白液浓度/(μg/mL)	0	125	250	375	500	625	750	875	1 000

在测定固定酶的载体固定量时,首先称取一定量的载体于一定浓度的蛋白液中,混合均匀后放入预先设定好温度的恒温振荡箱中 180 r/min 转速震荡。经过一段时间的固定后,将固定酶与蛋白液分离,并多次用 pH 为 5 的缓冲液冲洗固定酶,以去除其表面未能固定的游离蛋白。随后测定初始蛋白液和收集的洗涤液中的蛋白含量,其差值即为固定的蛋白量。根据以下公式计算单位载体的蛋白固定量:

$$G = \frac{C_0 \times V_0 - C_1 \times V_1}{m} \tag{2.4}$$

式中,G 代表酶负载量,单位为 mg/g;C_0代表 pH 为 5 的初始蛋白液浓度,单位为 mg/mL;C_1代表收集洗涤液中的蛋白含量,单位为 mg/mL;V_0代表初始蛋白液体积,单位为 mL;V_1 代表初始洗涤液总体积,单位为 mL;m 代表载体质量,单位为 g。

2.4 米氏常数的测定

目前为止,中间产物学说是最合理的解释反应底物浓度与酶促反应速率关系的学说[101]。该学说认为在酶促反应中,首先酶与底物契合形成不稳定的中间配合物,然后再进一步反应得到产物并释放出酶。具体表述如下式所示:

$$E+S \rightarrow ES \rightarrow P+E \tag{2.5}$$

式中,E 表示酶蛋白分子;S 表示反应的底物;ES 表示酶和底物结合的中间产物;P 则用来表示产物。

在酶催化反应中,反应速率随底物浓度的变化呈矩形双曲线规律。反应过程分为三个阶段:一级反应阶段、混合级反应阶段和零级反应阶段。在低浓度底物情况下,酶促反应速率取决于酶分子与底物结合的速率,此时的反应速率与底物浓度成正相关且增高迅速,酶促反应相对于底物是一级反应;随着底物浓度的增加至中间范围时,反应系统中的大部分酶分子都已经与底物结合,反应速率的增长呈现减缓的趋势,相对于底物的酶促反应处于混合级反应即由一级反应向零级反应的过渡。零级反应的特点是反应速率不受底物浓度的变化影响,是体系中所有酶都被底物饱和的一种现象。几乎所有酶都能被底物饱和,只是不同种类的酶达到饱和时所需的底物浓度不同。因此在研究酶促反应动力学时,需要保证底物浓度足够大,确保酶完全被底物饱和。

Michaelis-Menten 方程是描述底物浓度(S)和酶促反应的初始速度(v)之间关系的速度方程[102]。

$$v = \frac{v_{max} \times [S]}{K_m + [S]} \tag{2.6}$$

式中，v 是系统的酶促反应速度，单位为 mmol/(L·min)；K_m 值即米氏常数，单位为 mmol/L；v_{max} 是酶被底物饱和时，系统的酶促反应速度，单位为 mmol/(L·min)；[S]则代表参与反应的底物浓度，单位为 mmol/L。

在测定漆酶米氏常数实验中，我们依然选用 ABTS 作为反应底物[57]。首先配制不同浓度的 ABTS 溶液，然后在不同浓度的 pH 为 5 的磷酸氢二钠-柠檬酸缓冲液反应体系中，按照漆酶酶活的测定方法，在紫外-可见分光光度计中监测 420 nm 处的吸光度变化，从而根据动力学数据作图。将公式(2.6)装换为倒数形式，即得到线性方程形式的米氏方程表达式：

$$\frac{1}{v}=\frac{K_m}{v_{max}}\times\frac{1}{[S]}+\frac{1}{v_{max}} \tag{2.7}$$

从公式中可以看出当反应速度达到 v_{max} 一半时，K_m 的值等于底物浓度的值，即 $K_m=[S]$。以底物浓度的倒数(1/[S])为横坐标，酶促反应速度的倒数(1/[v])为纵坐标，做 Lineweaver-Burk 双倒数图。根据该直线在1/[S]轴上的横截距，得到米氏常数。

$$\frac{1}{[S]}=-\frac{1}{K_m} \tag{2.8}$$

酶的性质决定了米氏常数 K_m 的大小，可用 K_m 值鉴别酶的种类。米氏常数 K_m 也反映底物与酶之间的亲和力，K_m 越大则二者的亲和力越小。酶通常在固定化之后 K_m 都会发生变化，一般 K_m 愈小亲和力愈大，酶与底物的反应速率也愈高。底物、载体之间的传质阻力或其他物理作用力的存在，都会对米氏常数产生影响。

3 熔盐法改性 HNTs 及其酶固定性能

固定酶在一定程度上优化了游离酶的性能，在保持底物特异性、反应高效性、过程温和性等酶促反应特征的同时，又凸显出良好的操作稳定性、重复利用性等优点。在载体选择方面，有许多纳米材料被用作固定酶的新型载体。在各种纳米材料中，天然无机埃洛石纳米管（HNTs）因特有的管状结构，固有的大比表面积，较高的机械强度，良好的热稳定性和突出的生物相容性，在催化剂载体应用方面备受关注。当反应体系的 pH 大于 2.75 时，埃洛石纳米管外表面荷负电荷，内表面荷正电荷[5]。通过疏水作用、氢键结合和静电相互作用等可以实现 HNTs 对酶的吸附固定。未改性的 HNTs 容易团聚，固定酶的量相对有限，固定位置也主要限制在管腔内部[103]。为进一步研究载体表面粗糙程度、活性基团的变化对固定酶效果及酶学性能的影响，本章节在维持埃洛石管状结构完整的前提下，探讨二氧化硅成分的变化对材料性能的改变。

近年来，表面科学及泛函理论的相关研究表明，通过在载体材料表面形成缺陷或增加其粗糙程度，可实现载体技术应用的创新改进。因为粗糙的表面可以提高比表面积，表面缺陷则能提高活性吸附点位，并直接转化为化学反应的活性中心。同时多孔的结构还有利于促进载体材料对活性物质的吸附与扩散，进而提高催化反应活性[104]。常温条件下，普遍采用湿化学法对材料表面改性或修饰。但为了得到特殊构象或形貌，需要在高温条件下进行反应。众所周知，熔融态的无机盐具有优秀的热稳定性、较低的黏度、良好的电子迁移扩散能力,能够为材料表面离子键、共价键的形成提供稳态的热量和动量,因此多用于对材料表面改性和制备具有特殊纳米晶型的材料。本书首次利用一种简单的熔盐刻蚀方法对硅酸盐材料表面进行选择性腐蚀,选择硝酸钠为熔融盐、碳酸钠为腐蚀剂,高温条件下实现对材料表面二氧化硅的选择性腐蚀。通过可控地腐蚀埃洛石纳米管的二氧化硅成分,改变材料表面的基团和粗糙度。为进一步研究表面缺陷对固定酶效果的影响,我们选用底物范围相对较广的漆酶作为研究对象。研究了以碱熔埃洛石纳米管(RHNTs)为载体的酶固定量、稳定性等酶学性能,探讨纳米管表面活性点位以及活性基团的改变对固定效果的影响。

3.1 实验材料

3.1.1 实验药品

实验所用药品如表 3.1 所示。

表 3.1 实验所用药品

试剂名称	厂家
曲霉属真菌漆酶	上海宝曼生物科技有限公司
ABTS	Sigma 试剂
考马斯亮蓝 G-250	阿拉丁试剂
磷酸氢二钠(≥98%)	阿拉丁试剂
柠檬酸(≥98%)	阿拉丁试剂
牛血清蛋白(BSA)	阿拉丁试剂
$NaNO_3$(99.9%)	科密欧试剂有限公司
Na_2CO_3(99.8%)	科密欧试剂有限公司

埃洛石纳米管产地是河南省某矿区,经球磨喷雾干燥及过筛(300 目,孔

径48 μm)处理之后,得到品质良好、纯度≥99%的埃洛石纳米粉体。实验用水为去离子水。

3.1.2 实验仪器

实验中使用的设备如表3.2所示。

表3.2 实验中使用的设备

设备名称	型号规格	生产单位
喷雾干燥仪	SY-6000	上海世元生物设备工程有限公司
电子分析天平	FA2204B	上海精科天美科学仪器有限公司
全温度恒温振荡培养箱	HZQ-F100	太仓市华美生化仪器厂
真空管式高温烧结炉	OTF-1200X	诺巴迪材料科技有限公司
磁力搅拌器	HJ-4	巩义予华仪器有限责任公司
超声波清洗器	KH-100	巩义予华仪器有限责任公司
高速台式离心机	TGL-16C	上海安亭科技仪器有限公司
真空冷冻干燥机	FD-1B-50	北京博医康实验仪器有限公司
真空干燥箱	DZF-6020	巩义予华仪器有限责任公司
紫外-可见分光光度计	UV-2450	日本岛津
透射电子显微镜	FEITECNA1G2	荷兰飞利浦公司
电冰箱	BCD-215TQMB	美的基团
傅里叶变换红外光谱仪	WQF-510	北京瑞利分析仪器公司
比表面积及孔隙度分析仪	NOVA4200e	美国康塔仪器公司

3.1.3 试剂配制

(1)原酶液的配制:精确称量不同质量的漆酶干粉,溶于特定pH的磷酸氢二钠-柠檬酸缓冲液中,得到浓度和pH不同的漆酶原液,用于固定酶的研究。

(2)固定酶洗涤液的配制:固定酶与原酶液固液分离后,使用与漆酶原液 pH 相同的磷酸氢二钠-柠檬酸缓冲液作为固定酶洗涤液,多次洗涤至滤液中不再含有漆酶。

3.2 实验方法

3.2.1 熔盐法改性埃洛石纳米管的机理

材料表面的改性或修饰或在液态条件下进行或在固态、气态中发生。液态环境能够为材料表面离子键、共价键等的形成提供可控的热量和动量,因此普遍采用湿化学法对材料改性。但是如果固态体系能为反应提供所需热力学和动力学稳态,固态改性方法也能得到独具特色的形貌。熔盐法作为一种简单的材料合成方法,利用无机熔盐优良的热稳定性、较低的黏度、良好的电子迁移扩散能力,常用于制备具有特殊纳米晶型的材料。

本研究首次利用熔盐法对硅酸盐材料进行表面刻蚀,选择硝酸钠为熔融盐、碳酸钠为腐蚀剂,实现对材料表面二氧化硅的选择性腐蚀。如图 3.1 所示,在高温条件下硝酸钠/无水碳酸钠熔融成细小熔盐液滴,均匀包裹在埃洛石纳米管周围,三者呈稳定胶体状态。通常两种以上金属盐类的共混,能显著降低熔盐的转化温度,为了在刻蚀的同时不破坏埃洛石的管状结构,选择 350 ℃作为反应温度。随着反应时间的延长,高温状态下的金属熔盐液滴逐渐电离成金属阳离子、氢氧根离子和自由电子,与埃洛石纳米管表面发生剧烈的电子碰撞形成表面缺陷并增加材料的粗糙度。粗糙表面及表面缺陷的存在,显著改善埃洛石纳米管在水中的分散性,提高埃洛石表面的活性吸附点位,并为游离酶的固定提供潜在的结合位点。

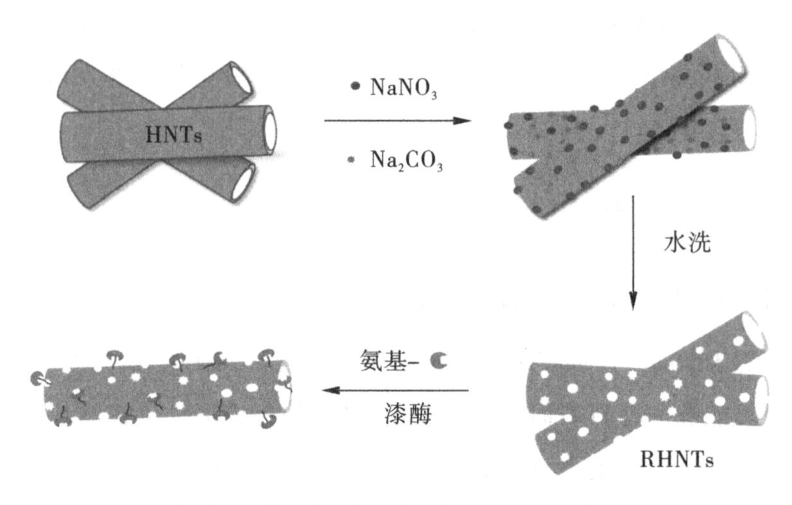

图 3.1 RHNTs 的形成过程及固定酶示意图

3.2.2 RHNTs 的制备

熔盐法改性埃洛石纳米管的详细步骤如下:按照不同比例,分别精确称取一定量的埃洛石纳米粉末、硝酸钠以及无水碳酸钠,使用玛瑙研钵将三者的混合粉末研磨均匀后转移至加盖瓷舟中,随后在350 ℃高温管式炉中空气气氛下加热2 h,升温速度为10 ℃/min。冷却后去离子水多次超声-搅拌清洗样品,以去除样品中的可溶性盐分及杂质。洗至洗涤液为pH 7左右,将样品冷冻干燥12 h后真空贮存。最终得到的浅粉色粉体即为熔盐法改性埃洛石纳米管——RHNTs。

3.2.3 RHNTs 用于固定酶的研究

熔盐法改性埃洛石纳米管用于固定酶的详细步骤如下:准确称取一定量冷冻干燥的RHNTs于100 mL不同浓度的漆酶原液中,放入提前设定好温度(25 ℃)和转速(150 r/min)的全温度恒温振荡培养箱,震荡一段时间后得到含有固定酶的溶液,高速(8 000 r/min)离心10 min实现固液分离。随后多次用固定酶洗涤液离心洗涤至上清液不再有游离漆酶。收集所有洗涤液,并将实验所得固定酶冷冻干燥过夜,4 ℃贮存备用。通过计算漆酶原液与所有洗涤液中的蛋白含量和漆酶酶活力来分析固定酶的负载量等相关性能参数。

(1)初始酶原液的选择:分别称取 1 000 mg 冷冻干燥的 RHNTs 于浓度为0.125 ~4 mg/mL 的漆酶原液中(50 mL),放入提前设定好温度(25 ℃)和转速(150 r/min)的全温度恒温振荡培养箱,震荡 6 h 得到含有固定酶的溶液,高速(8 000 r/min)离心 10 min 实现固液分离。随后多次用固定酶洗涤液离心洗涤,直至上清液不再有游离漆酶。收集所有洗涤液,并将实验所得固定酶冷冻干燥过夜,4 ℃贮存备用。计算漆酶原液与所有洗涤液中的蛋白含量和漆酶酶活力等相关性能参数。

(2)固定化时间的选择:分别称取冷冻干燥后的 RHNTs 于 50 mL 浓度为 2 mg/mL 的漆酶原液中,放入提前设定好温度(25 ℃)和转速(150 r/min)的全温度恒温振荡培养箱,分别震荡 2 ~ 10 h 得到含有固定酶的溶液,高速(8 000 r/min)离心 10 min 实现固液分离。随后多次用固定酶洗涤液离心洗涤,直至上清液不再有游离漆酶。收集所有洗涤液,并将实验所得固定酶冷冻干燥过夜,4 ℃贮存备用。计算漆酶原液与所有洗涤液中的蛋白含量和漆酶酶活力等相关性能参数。

(3)埃洛石纳米管改性前后酶的固定效果对比:准确称取冷冻干燥后的 HNTs 于 50 mL 一定浓度的漆酶原液中,放入提前设定好温度(25 ℃)和转速(150 r/min)的全温度恒温振荡培养箱,震荡 4 h 得到含有固定酶的溶液,高速(8 000 r/min)离心 10 min 实现固液分离。随后多次用固定酶洗涤液离心洗涤至上清液不再有游离漆酶。收集所有洗涤液,并将实验所得固定酶冷冻干燥过夜,4 ℃贮存备用。计算漆酶原液与所有洗涤液中的蛋白含量和漆酶酶活力等相关性能参数,与载体 RHNTs 固定酶效果对比。

3.2.4 RHNTs 及其固定酶的表征

(1)透射电子显微镜分析:利用透射电子显微镜(TEM),观察改性前后样品表面形貌结构的变化。分析前需对样品进行预处理:称取适量样品超声分散于乙醇溶液中,而后均匀涂覆在铜网表面并真空干燥。

(2)红外光谱分析:利用红外光谱分析可以对样品进行定性分析、定量分析、测定分子结构。利用红外光谱分析仪(FT-IR)记录样品改性前、后及固定酶之后的红外光谱,通过观察红外吸收带的波数位置、波峰的数目以及吸收谱带的强度,分析分子结构特点,确定样品的结构组成及化学基团;观察吸收谱带的吸收强度,定量分析分子组成及化学基团的含量。将少量样品与溴化钾混合研磨后压片分析,于波数 400 ~ 4 400 cm^{-1}范围内进行红外光谱检测。

(3)N_2吸附-脱附分析:利用比表面及孔径分析仪进行 N_2吸附-脱附实验,需要在80 ℃条件下,对样品预先真空脱气。所测样品的比表面积和孔径分布曲线分别采用 MBET 和 BJH 方法计算。

(4)原子力显微镜分析:利用原子力显微镜(AFM),观察改性前后样品表面性质的变化。分析前需对样品进行预处理:称取适量样品超声分散于乙醇溶液中,而后均匀涂覆在云母片表面并真空干燥。

(5)X 射线粉末衍射分析:使用 X 射线粉末衍射仪(XRD, D8ADVANCE)对样品改性前后晶体结构的变化进行分析,可直接采用干燥的样品粉末进行测试,衍射角 2θ 的范围为 $10° \sim 75°$。

(6)紫外-可见分光光度计分析:紫外-可见分光光度法(UV-VIS)的原理,是利用物质的分子或离子对某一特定波长的光产生的吸收光谱波,对物质进行定性、定量及结构分析。通过添加含有发色基团的显色剂,可以对溶液中的蛋白含量、漆酶活性进行定量及结构分析。

3.2.5 固定化酶与游离酶的酶学性能对比

(1)最适酶催化反应温度。为了研究温度对游离漆酶和固定化漆酶酶活的影响,分别测定 15 ℃、25 ℃、35 ℃、45 ℃、55 ℃、65 ℃、75 ℃、85 ℃温度下的游离漆酶和固定化漆酶的酶活力,比较两者酶活力变化,得到酶催化反应的最适温度。以酶活力最高者为 100% 。每次分别取三份样品平行测试。除温度变化外,其他反应条件保持不变。

(2)最适酶催化反应 pH。为了研究酸碱度对游离漆酶和固定化漆酶酶活的影响,分别测定 pH 为 2、3、4、5、6、7、8 条件下的游离漆酶和固定化漆酶的酶活力,比较两者酶活力变化,得到酶催化反应的最适 pH。以酶活力最高者为 100% 。每次分别取三份样品平行测试。除 pH 变化外,其他反应条件保持不变。

(3)热稳定性。将游离漆酶与固定漆酶分别置于 60 ℃条件下保温 0.5 ~ 4 h,每隔 30 min 各取三份平行样品,并冷却至 25 ℃后测定游离漆酶和固定化漆酶的酶活力。将未经保温处理的初始酶活力标记为 100% 。每次分别取三份样品平行测试。除温度变化外,其他反应条件保持不变。

(4)重复利用性。在实际应用中,固定酶的重复利用性对降低酶催化的使用成本尤其重要。因此该指标也成为衡量漆酶固定化性能必不可少的指标。在 3.3.2 的研究中,已经确定了固定酶的最佳催化条件。在最佳酶活力所需的酸碱度和温度条件下,以 ABTS 为底物,进行多次连续催化反应,测定每次循环反应后固定酶的相对酶活力,旨在检验固定化漆酶的操作稳定性。具体操作如下:取三份等量固定酶进行固定酶酶活力测试,得到的初始酶活力标记为 100% 。而后每次测定完酶活力,均用缓冲液多次清洗固定酶样品——直至洗涤液中不含游离漆酶,再测定固定酶的酶活,计算相对于初始酶活力的相对酶活。

3.3 结果与分析

3.3.1 RHNTs 及其固定酶的表征

(1)透射电子显微镜分析。埃洛石纳米管熔盐法改性前后的对比 TEM 图片如图 3.2 所示。从(a)图中可以看出,产自河南的天然埃洛石纳米管具有独特的中空管状结构,管长 500 nm 左右,管内径 15 ~ 70 nm。管壁光滑平整、管腔笔直通透、总体形貌规整。图(b)为埃洛石纳米粉末、硝酸钠及无水碳酸钠的混合比例为1.0∶5.0∶0.3时,熔盐改性后埃洛石纳米管的透射图片。从透射图片中能清楚地看到埃洛石纳米管在改性后,依然保持着完整的管状结构,管体长度也未曾破坏,只是管壁外侧被熔盐均匀地刻蚀成粗糙不平的凹痕,说明该方法能够成功对载体的表面进行改性。这些凹痕的存在,为后续负载金属、生物大分子等活动,提供了更加有益的表面缺陷[105]。

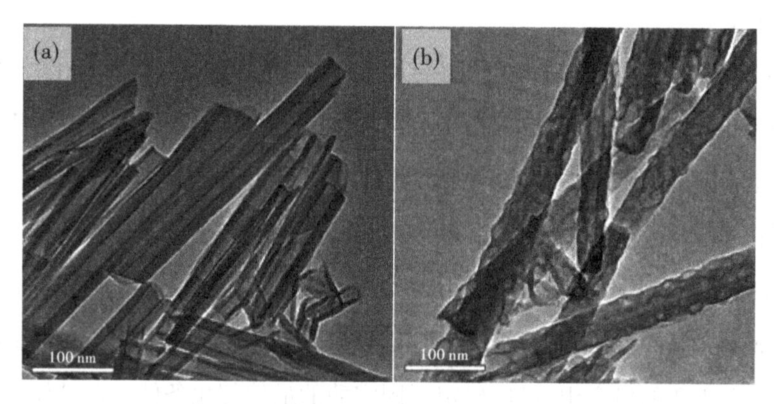

图 3.2　HNTs(a)和 RHNTs(b)的 TEM 图像

为考察不同比例熔盐对纳米管形貌的改变程度,分别考察了混合比例1.0∶5.0∶(0.2～0.5)的埃洛石纳米粉末、硝酸钠及无水碳酸钠对埃洛石纳米管的腐蚀情况,透射图片如图3.3所示。当埃洛石纳米粉末、硝酸钠及无水碳酸钠的混合比例为1.0∶5.0∶0.2时,TEM图片显示埃洛石管腔完整、笔直,但已经无法观察到埃洛石典型的层状结构。说明此时已有部分二氧化硅和熔盐发生化学反应。随着腐蚀剂碳酸钠含量的增加,参与腐蚀的二氧化硅成分增多,埃洛石纳米管呈现出可控的腐蚀形貌变化。当埃洛石纳米粉末、硝酸钠及无水碳酸钠的混合比例为1.0∶5.0∶0.3时,TEM图片显示埃洛石依然维持管状形貌和原有尺寸,表面均匀分布刻蚀的凹痕,实现了对材料表面的缺陷改性。过量的碳酸钠逐渐破坏埃洛石的硅氧四面体结构,甚至打开了卷曲的片层结构。在0.5 g碳酸钠熔盐体系中,观察到有部分埃洛石片层从纳米管表面剥离并展开。为了得到结构完整、表面活性点位增多的纳米管,我们在后续实验中选取混合比例 1.0∶5.0∶0.3 的埃洛石纳米粉末、硝酸钠及无水碳酸钠体系制备载体。

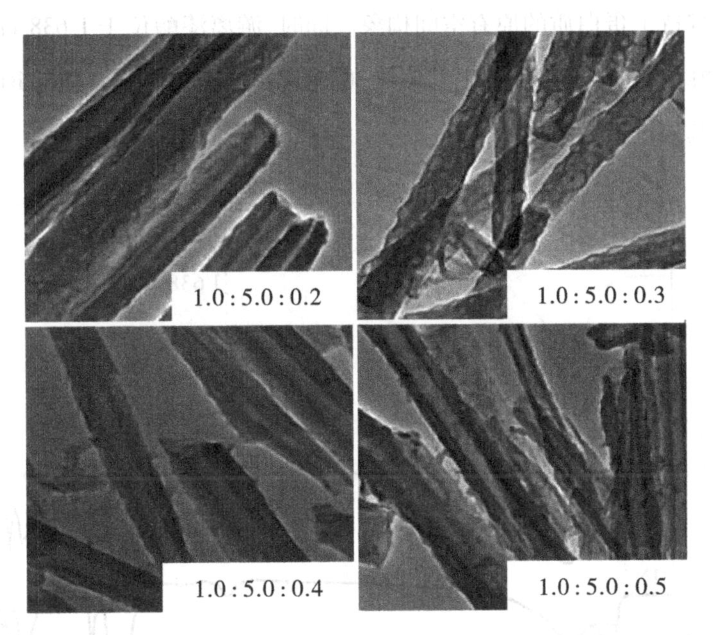

图 3.3　不同 Na_2CO_3 的熔盐体系对埃洛石纳米管腐蚀的 TEM 图像

(2)红外光谱分析。HNTs、RHNTs、漆酶及固定酶的红外光谱图像如图 3.4 所示。对比 HNTs 和 RHNTs 的红外光谱曲线,可以看到两者差别不大,均显示出相同的吸收峰。RHNTs 保留了 HNTs 在 466 cm^{-1}的 Al—O 伸缩振动,531 cm^{-1}的 Si—O 弯曲振动,753 cm^{-1}的 Si—O—Al 垂直伸缩振动等特征吸收峰[106]。但在熔盐法改性后,位于 911 cm^{-1} 的 Al—OH 弯曲振动和 3 625 cm^{-1}和 3 698 cm^{-1}的 Al-OH 伸缩振动有不同程度的减弱。说明改性前后埃洛石管的主要成分没有发生变化,只是硅氧四面体的内羟基和铝氧八面体的外羟基被不同程度地腐蚀。观察漆酶的红外光谱,可以明显观察到 1 700 ~ 1 500 cm^{-1}由 N—H 的弯曲振动产生的吸收峰,—COOH 的对称变形振动在 1 411 cm^{-1} 和2 931 cm^{-1} 产生的吸收峰，N—H 的伸缩振动在 3 500～3 300 cm^{-1} 产生的吸收峰。在 RHNTs 固定酶的红外光谱图中，也观察到了与之具有极高相似度的特征吸收峰，表明这些漆酶已经成功与载体结合且维持了蛋白质的原有空间构象。同时，游离漆酶位于 1 638 cm^{-1} 的酰胺基团峰位，在固定之后发生了偏移，也能说明漆酶的部分氨基与 RHNTs 表面的羟基通过氢键结合。

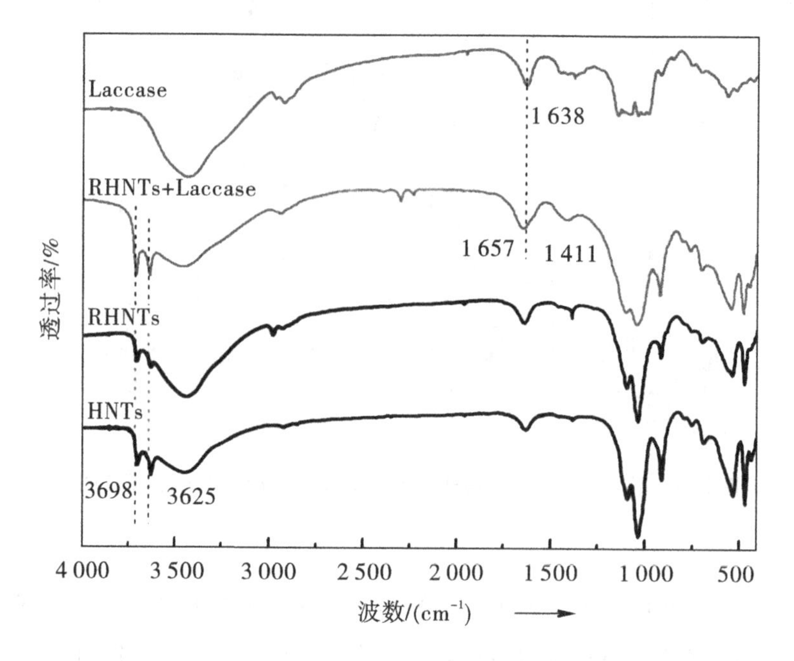

图 3.4　HNTs、RHNTs、漆酶及固定酶的红外光谱图像

(3) N_2 吸附-脱附分析。HNTs 及 RHNTs 的孔径分布图和 N_2 吸附-脱附等温线如图 3.5(a)、(b)所示。由图可见，改性前后样品的 N_2 吸附等温线均与脱附等温线不一致，可以观察到迟滞回线。参照国际纯粹与应用化学联合会(IUPAC)对物理吸附等温线的分类标准可知，HNTs 及 RHNTs 的 N_2 吸附-脱附等温线均属于Ⅳ型——说明两个样品都为介孔材料。BET 作为比表面积测定方法，是一种常见的适用于Ⅳ型等温线的分析方法。经分析，

RHNTs 的比表面积(51.07 m^2/g)略高于 HNTs(44.98 m^2/g),证明表面改性后的埃洛石纳米管的比表面积稍有增大。该结果也与 AFM 表征中,粗糙度稍有变大相符。

另外,参照国际纯粹与应用化学联合会(IUPAC)第 13.2 节中的相关约定,HNTs 和 RHNTs 的迟滞回线均属黏土材料特有的 H3 型迟滞回线,吸附曲线与脱附曲线有迟滞环存在。只有当样品中出现结构均匀的圆柱状孔道结构,才会有这种情况发生,这也进一步证明熔盐法改性后的样品仍然保持原有管状结构。对比 HNTs 及 RHNTs 的孔径分布曲线,可以看出两种材料的孔径集中分布在 60 nm 和 10 nm 左右,这些峰位分别对应埃洛石纳米管堆积的孔隙和纳米管内部圆柱状空腔。但 RHNTs 也有孔径在 3 ~4 nm 的若干介孔存在,推测这些介孔有可能是熔盐刻蚀后形成的缺陷。

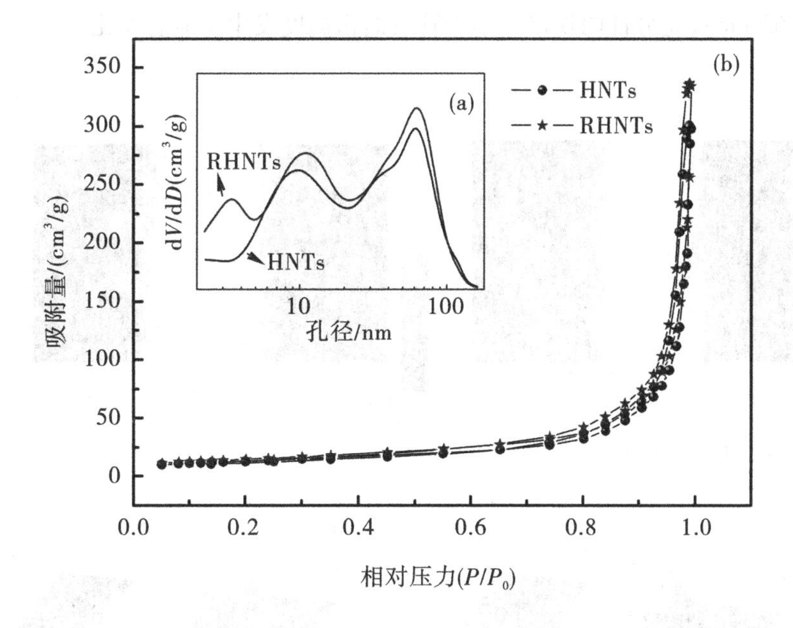

图 3.5 HNTs 和 RHNTs 的孔径分布图(a)和 N_2 吸附-脱附等温线(b)

(4)原子力显微镜分析。HNTs 及 RHNTs 的二维和三维原子力显微图片如图3.6所示。观察HNTs的二维AFM图片,可以明显发现HNTs表面平滑、边界清晰;HNTs的三维AFM图片更立体生动地说明原埃洛石纳米管的管体笔直、管壁光滑。对比RHNTs的二维AFM图片,则看到纳米管管体边缘模糊不清;从RHNTs的三维AFM图片中,也能明显看到改性后仍保持管状结构,但是管壁表面凹凸起伏,说明熔盐法使原纳米管的表面粗糙度增大。结果也与TEM表征一致。

为了对样品的表面粗糙度进行定量分析,我们在二维AFM图片中选取相同面积尺寸的区域(500 nm×500 nm)扫描,并采用NanoScope Analysis方法分别计算并对比改性前后样品的均方根粗糙度(Rq)和平均面粗糙度(Ra),以此量化改性前后样品的粗糙度变化。经计算,原HNTs的Rq和Ra分别为为1.72 nm、1.43 nm均低于RHNTs的Rq(3.23 nm)和Ra(2.63 nm),充分证明埃洛石纳米管表面粗糙度发生了显著变化。

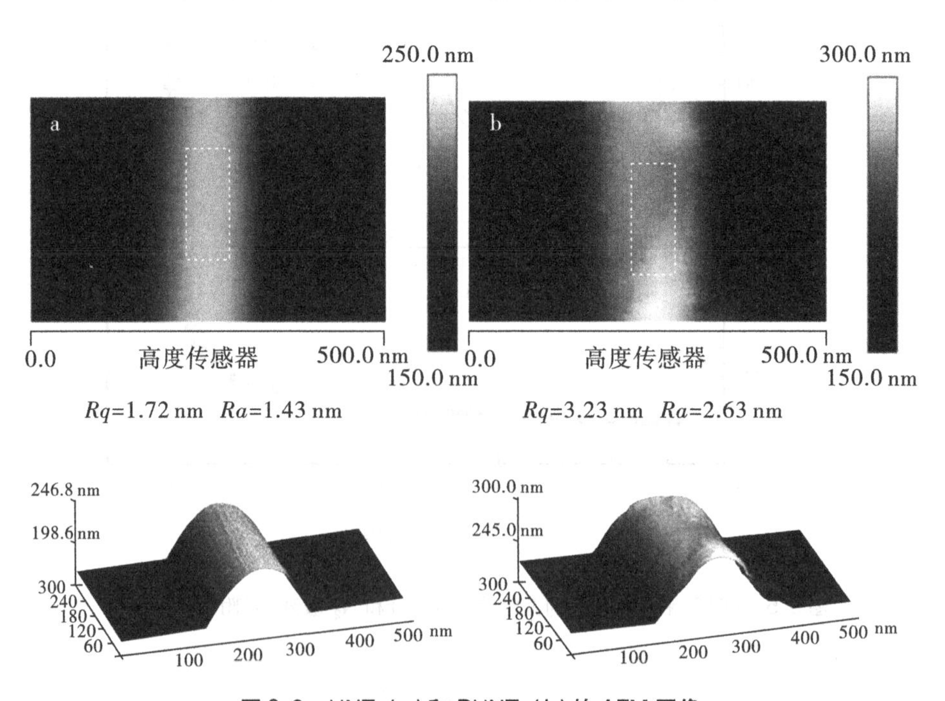

图3.6 HNTs(a)和RHNTs(b)的AFM图像

(5)X 射线粉末衍射分析。改性前后 HNTs 与 RHNTs 的 X 射线粉末衍射图谱如图 3.7 所示。通过特征峰比对发现,原埃洛石纳米管的衍射峰与 JCDPS card No. 09-0453 标准图谱基本一致,说明所使用埃洛石纳米管为 7 Å 脱水埃洛石。熔盐法改性后的 RHNTs 在 2θ 为 11.79°、20.07°、24.78° 和 34.98°等处仍然保有埃洛石的特征衍射峰,分别对应(001)、(100)、(002)和(110)晶面,但相对变弱,说明改性后的 RHNTs 本质上还是埃洛石,只是结晶度降低或层状结构略有破坏。在熔盐改性过程中,钠盐与埃洛石纳米管外表面的部分二氧化硅发生化学反应,因此位于 RHNTs 图谱 18.63°和 29.91°两处的二氧化硅衍射峰基本消失。

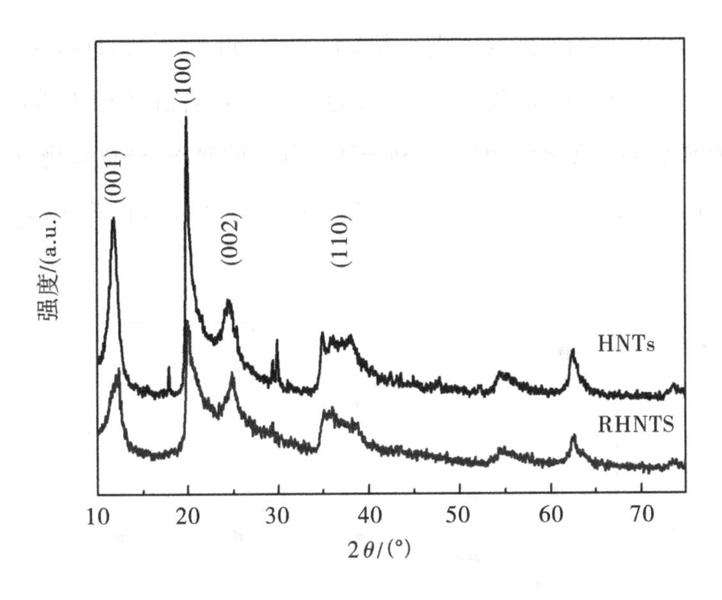

图 3.7 HNTs、RHNTs 的 XRD 曲线

3.3.2 RHNTs 用于固定酶的研究

(1)初始酶原液的选择。通过测试游离酶在载体 RHNTs 上的固定量及 laccase-RHNTs 的固定酶活性收率,选择固定酶的最适宜初始酶液。由图 3.8可以看出,在初始酶液给酶量由 0.125 mg/mL 增加至 4 mg/mL 的变化过

程中，单位质量载体的固定酶量逐渐增大，而后保持不变。这是因为酶的固定化是一个先吸附后固定的过程。溶液中的游离蛋白酶首先通过静电作用吸附在 RHNTs 表面，或在埃洛石纳米管管腔负压作用下进入管腔内部，随后蛋白上的游离氨基与 RHNTs 表面暴露的活性点位发生键合。在给酶量较低时，溶液中的游离漆酶并不能使载体的吸附量达到饱和，导致酶的固定量也相对较低。随着给酶量的增加，载体对游离酶的吸附量也趋于饱和，当给酶量 2 mg/mL 时，RHNTs 达到最大固定量 37.55 mg/g。此后，由于载体表面已无多余空间或活性点位接纳更多游离酶，酶的固定量呈现平衡趋势，不再受原液给酶量变化的影响。固定酶的活性收率随着初始酶液的给酶量的增加也不断增加，然而当初始酶液浓度增大到 3 mg/mL 之后，活性收率反而有下降的趋势。这种下降趋势的出现，可能是由于随着载体周围游离酶的增多，这些游离酶会在溶液团聚，不利于活性部位的暴露，导致底物分子 ABTS 与活性中心的空间位阻增大[107]。综合考虑，选择 2 mg/mL 作为最佳初始酶液浓度。

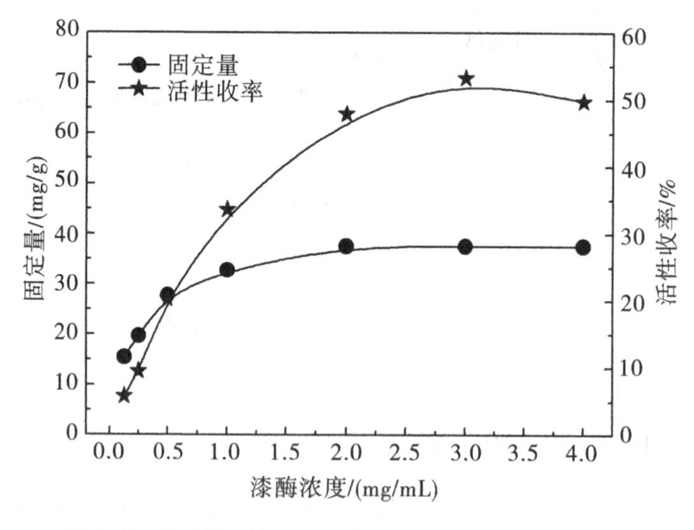

图 3.8　漆酶原液浓度对固定酶产量和活性收率的影响

(2)固定化时间的选择。在固定化反应刚开始时,载体 RHNTs 为固定化漆酶提供了相对较多的空间及结合位点,因此酶的负载量以及酶活力回收率随着固定化时间的延长迅速增大,在反应 4 h 的时候达到最大值。如图 3.9 所示。随着固定化时间的延长,当 RHNTs 的活性点位完全反应,达到饱和,就很难再结合更多的游离酶,因此酶的固定量和酶活力也不会随着反应时间延长再增加了。在反应 10 h 时,固定酶的活性收率出现下降的趋势,这可能是因为过长的反应时间引起了酶的失活。因此,综合考虑活性和固定量的影响,选取 4 h 作为最佳固定化时间。

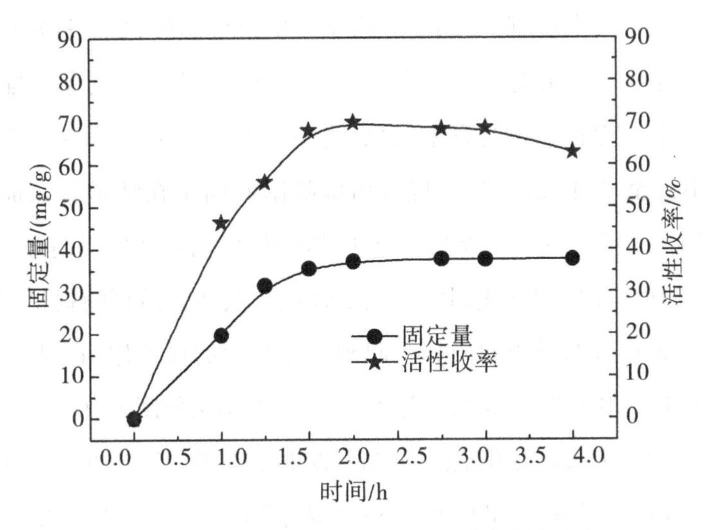

图 3.9 固定时间对酶固定量及活性收率的影响

(3)埃洛石纳米管改性前后酶的固定效果对比。由表 3.3 可以看出,在埃洛石纳米管改性后用于固定酶的研究中,酶的固定量和酶活收率均比改性前有所提高,固定量由 21.46 mg/g 增大至37.55 mg/g,说明改性后的埃洛石纳米管更适宜用于负载生物酶。

表 3.3　埃洛石纳米管改性前后酶的固定效果对比

固定化漆酶	固定量/(mg/g)	酶活/(U/g)	活性收率/%
游离漆酶	—	1.50	100
HNTs	21.46	0.65	43.33
RHNTs	37.55	1.14	75.82

3.3.3　固定化酶与游离酶的酶学性能对比

(1)最适酶催化反应温度。在工业应用中,酶在催化反应中的热稳定性显得尤为重要。因为实际应用中升高系统的反应温度,是一种常用的提高生物反应器处理效果的方式。在高温条件下,酶的三维构象可能发生变化,一些不稳定基团的也会发生氧化,这些因素共同作用下,最终造成酶的活力减小甚至变性失活[108]。将游离酶吸附并固定在纳米管表面及内腔中,不仅在一定程度上降低蛋白质分子的流动性,而且还能提高分子构象的稳定性,进而优化生物催化剂的抗热变性能。载体为游离酶提供了一个相对滞后的独立空间,对蛋白质分子起到一定程度的保护作用。我们对比考察了游离漆酶、RHNTs 固定酶的热力学稳定性,结果如图 3.10 所示。

在 15 ~85 ℃温度变化范围内,游离酶和 RHNTs 固定酶的酶活力随着温度的上升先增大后减小,呈现出相同的“钟型”趋势。且二者在 35 ~55 ℃范围内均保有各自 70% 以上的酶活力,显示出相对较好的耐热性能。其中,游离酶在 35 ℃达到酶活力的最高值,说明游离酶的最适反应温度在 35 ℃。同理可知,RHNTs 固定酶的最适反应温度在 55 ℃。但在超过 65 ℃的高温范围,游离酶的热稳定性略低于固定酶,这说明酶的高温耐受力在固定之后得到提升。也可以认为将游离酶多点附着在载体上,能够一定程度改善蛋白质三级结构的稳定性,而且可以限制酶蛋白分子在系统中的流动性,使其在外部环境温度变化时仍能保持较高活性[109,110]。

(2)最适酶催化反应 pH。在广谱 pH 范围内,我们对比考察了 pH 对游

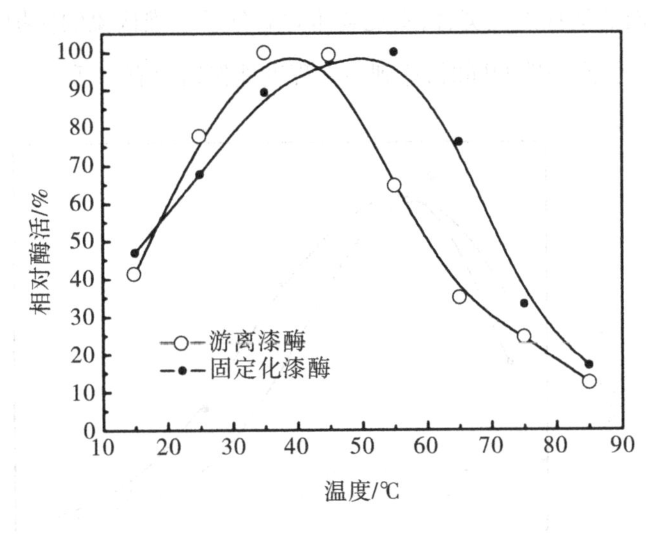

图 3.10 游离酶和固定酶的酶活与温度的关系

离漆酶、RHNTs 固定酶的酶活力的影响。从图 3.11 中可以看出，游离酶和 RHNTs 固定酶的酶活力均在 pH 3 附近达到最大值，且酶活力随 pH 变化的趋势相同。说明固定之后，RHNTs 并没有破坏酶的蛋白质结构。酶的活性中心是指酶蛋白分子中能与底物结合并发挥催化作用，将底物转化为产物的部位，一般由催化基团、结合基团和活性中心外的必需基团构成[111]。其中结合基团用于识别底物并与之特异结合，使底物 S 与特定构象的酶蛋白契合形成中间产物 ES。随后在催化基团的影响下，ES 分子中的某些化学键发生变化，由稳定状态转化为活化态。随着反应活化能的降低，催化反应顺利发生，复合物 ES 转化为酶与产物的复合物 EP。随后 EP 裂解，得到产物，催化反应完成。一般来说催化剂在发挥催化作用时，会解离成酸催化状态或碱催化状态中的一种，很少存在酸碱催化功能兼顾的催化剂[112]。但酶蛋白分子却具有两性解离性质——同一种催化基团，既可以解离成亲核催化的质子供体，又可以解离成亲电子催化的质子受体。只有在 pH 值为 3.0 的环境中，接近漆酶的等电点，酶分子中催化基团的解离状态才能有效与

RHNTs 表面的活性点位契合，实现载体对酶分子三维构象的保护，使得载体在限制酶分子流动性的同时，达到最大程度地保留原有酶活。

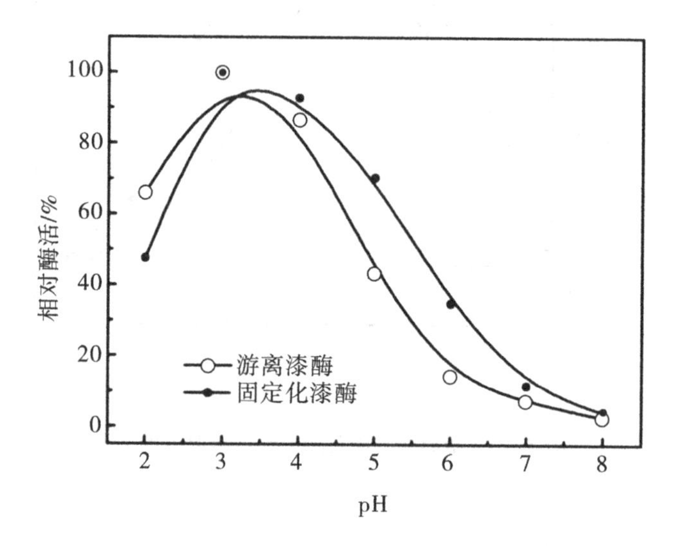

图 3.11　pH 对游离酶和固定酶的酶活力的影响

(3)热稳定性。在工业生产中，很多操作系统会通过提高反应温度达到提高处理效率的目的，因此需要酶制剂有良好的热稳定性。图 3.12 展示了游离酶和固定酶在 60 ℃时酶活的变化趋势，可以看到，在高温条件下长达 4 h 之后，固定酶的酶活仍能保持初始酶活的 60% 以上，对比游离酶仅有初始酶活的 30%——说明固定之后能够实现对酶分子的稳定性的保护。将蛋白质置在高温条件下，极易发生热伸展从而暴露其反应基团和疏水区域，使蛋白质聚合或构象发生变化从而导致热失活[113,114]。固定酶载体 RHNTs 能够在环境温度变化时，为酶蛋白提供一个相对滞后的微环境，在一定程度上提高了酶分子的热稳定性，进而拓宽其在工业上的应用。

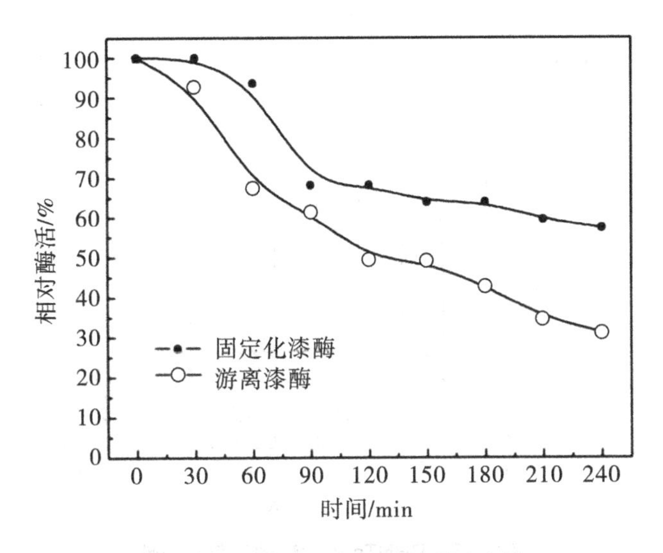

图 3.12 游离酶和固定酶的热稳定性

(4)重复利用性。在游离酶反应系统中,催化反应结束后,溶液中的酶与底物、产物混合在一起,即使游离酶仍有很高的活力,也难于回收或再次利用。为了克服一次性利用造成的生产成本虚高、连续化生产困难,酶固定化技术中的重复利用性成为关键技术指标[115]。如图 3.13 所示,游离酶固定在 RHNTs 的重复利用性欠佳。这可能因为漆酶与 RHNTs 通过离子键和物理吸附形成的结合力不够紧密,多次水洗便可使固定在表面的酶脱落。最终 36% 的酶活大都源自固定在纳米管管腔内部的漆酶,这也与之前文献报道的埃洛石纳米管在封装生物大分子方面的优势应用相符[116]。

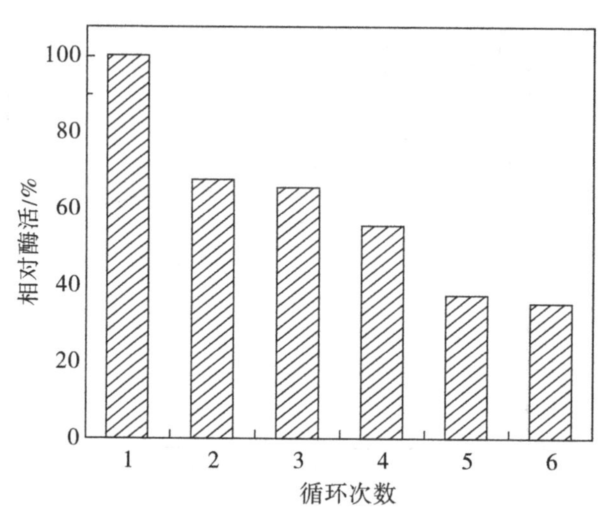

图 3.13　RHNTs 固定酶的重复利用性

3.4　本章小结

本实验利用硝酸钠-无水碳酸钠熔盐体系，采用简单刻蚀工艺对 HNTs 表面进行改性成功制备 RHNTs。并用之作为固定漆酶的载体，研究多种固定化因素对漆酶固定量的影响，对比 RHNTs 固定酶与游离酶的酶学性能，并对 RHNTs 固定酶的重复利用性进行了考察。得到如下结论：

（1）利用熔盐法对埃洛石纳米管表面进行选择性刻蚀，以此提高埃洛石纳米管表面的粗糙度，增大其比表面积，为酶的固定提供更多可供结合的活性位点和表面缺陷。TEM、AFM 等表征证实熔盐腐蚀后的埃洛石管壁粗糙程度变大，表面缺陷增多，在水中的分散性也得到改善。

（2）对 RHNTs 固定酶的性能研究表明，RHNTs 固定酶的 pH 耐受、热耐受、热稳定性、重复利用性方面都有所改善，说明表面缺陷为负载游离酶提供更多结合位点，使固定酶在使用过程中不易脱落。

4 PDDA改性HNTs及其酶固定性能

酚类废水毒性高、难降解,在环境中容易累积,被列为环境中优先控制的污染物[117]。传统酚类废水的降解成本高且处理效果差,容易造成二次污染。为满足绿色、环保、可持续的发展要求,需要寻找一种环境友好、效果显著的降解方法。漆酶是一种广泛存在的多铜氧化酶[118],底物范围广,催化效率高,在环境修复、纸浆工业、食品加工业、能源开发和生物传感器等诸多行业均有良好的应用潜能[119]。已经有很多研究者将漆酶用于酚类、芳香胺类废水的处理[120]。

然而,游离漆酶提纯分离困难、价格较高、对环境较为敏感。通过将游离漆酶固定在不溶于水的载体上,改善生物酶的操作稳定性和重复利用性,降低工业应用成本[121]。作为固定酶的重要组成部分,载体的机械性能、热稳定性、生物相容和表面基团都会影响与酶的相互作用[122-124]。埃洛石纳米管因其特殊的几何构造和良好的物化性能,受到研究者的关注。荷正电的HNTs内表面可用于吸附固定荷负电的游离酶,但通过吸附作用得到的固定酶与载体表面的作用力较弱,很容易发生脱附泄漏。HNTs的内部管径15~20 nm,管腔长度500~1 000 nm,成功固定到管腔内部的漆酶数量十分有限[125-127]。如果埃洛石在溶液中团聚程度较大,管腔内部的固定量更少。因此,需要找到一种合适的改性方法,拓宽HNTs在固定酶领域的应用。

在本章研究中,选用聚二烯丙基二甲基氯化铵溶液(PDDA)对埃洛石纳米管进行改性[128]。PDDA是一种荷正电的环境友好型聚合物,利用静电引力在 HNTs 表面沉积。改性后的载体表面黏附性增大,正电荷密度变大,活性基团增多,为后续静电吸附游离酶提供足够多的结合位点和电荷密度,从而得到结合紧密的固定酶。为进一步研究 PDDA 改性对固定酶效果的影响,我们选用底物范围相对较广的漆酶作为研究对象。研究了以 PHNTs 为载体的酶固定量、稳定性等酶学性能及其在酚类废水处理中的应用。

4.1 实验材料

4.1.1 实验药品

实验所用药品如表 4.1 所示。

表 4.1 实验所用药品

试剂名称	厂家
曲霉属真菌漆酶	上海宝曼生物科技有限公司
ABTS(≥99%)	Sigma 试剂
考马斯亮蓝 G-250(AR)	阿拉丁试剂
磷酸氢二钠(≥98%)	阿拉丁试剂
柠檬酸(≥98%)	阿拉丁试剂
牛血清蛋白(BSA)	阿拉丁试剂
铁氰化钾	阿拉丁试剂
4-氨基安替吡啉	阿拉丁试剂
2,4-DCP(≥99%)	麦克林试剂
PDDA(质量分数 20%,400 ~ 1000 cP)	麦克林试剂
异硫氰酸荧光素(FITC)	麦克林试剂
氯化钠	科密欧试剂有限公司

埃洛石纳米管产地是河南省某矿区,经球磨喷雾干燥及过筛(300 目)处理之后,得到品质良好、纯度≥99% 的埃洛石纳米粉体。实验用水为去离

子水。

4.1.2 实验仪器

实验及表征所用仪器如表 4.2 所示。

表 4.2 实验中使用的设备

设备名称	型号规格	生产单位
全温度恒温振荡培养箱	HZQ-F100	太仓市华美生化仪器厂
磁力搅拌器	HJ-4	巩义予华仪器有限责任公司
超声波清洗器	KH-100	巩义予华仪器有限责任公司
高速台式离心机	TGL-16C	上海安亭科技仪器有限公司
真空干燥箱	DZF-6020	巩义予华仪器有限责任公司
紫外-可见分光光度计	UV-2450	日本岛津公司
透射电子显微镜	FEITECNA1G2	荷兰飞利浦公司
落射荧光显微镜	BM-21AY	上海彼爱姆光学仪器制造有限公司
傅里叶变换红外光谱仪	WQF-510	北京瑞利分析仪器公司
电冰箱	BCD-215TQMB	美的集团
比表面积及孔隙度分析仪	NOVA4200e	美国康塔仪器公司

4.1.3 试剂配制

(1)初始酶液:精确称量不同质量的漆酶干粉,溶于特定 pH 的磷酸氢二钠-柠檬酸缓冲液中,得到浓度和 pH 不同的漆酶原液,用于固定酶的研究。

(2)固定酶洗涤液:将固定酶与初始酶液离心分离,用与漆酶原液 pH 相同的磷酸氢二钠-柠檬酸缓冲液多次洗涤所得固定酶,确保滤液中不再含有游离漆酶。

(3)聚二烯丙基二甲基氯化铵(PDDA)溶液:分别准确量取 2.5 mL、5 mL、10 mL 聚二烯丙基二甲基氯化铵溶液(PDDA,质量分数 20%,400 ~

1 000 cP)，溶于95 mL的质量分数为0.5%氯化钠溶液中，磁力搅拌至溶液均匀，即可得到质量分数为0.5%、1%和2%的PDDA溶液。

(4)氯化铵的氨水溶液：准确称取5 g氯化铵，超声溶于25 mL的氨水中，定容至250 mL棕色容量瓶中，将得到的373.9 mmol/L的氯化铵的氨水溶液避光贮存。

(5)铁氰化钾溶液：准确称取8 g铁氰化钾，超声溶于去离子水中，定容至100 mL棕色容量瓶中，将得到的243 mmol/L的铁氰化钾溶液避光贮存。

(6)4-氨基安替吡啉溶液：准确称取1.711 3 g的4-氨基安替吡啉，超声溶于去离子水中，定容至100 mL棕色容量瓶中，将得到的84.2 mmol/L的4-AAP溶液避光保存。

4.2 实验方法

4.2.1 聚二烯丙基二甲基氯化铵改性埃洛石纳米管的机理

聚阳离子电解质聚二烯丙基二甲基氯化铵PDDA，在层层自组装(layer-by-layer)制备层状结构材料中较为常见，是一种良好的改性剂。利用PDDA对载体改性后再固定酶，本质上是基于相反电荷之间的静电引力、分子间的氢键等非共价相互作用力，在载体上实现不同电荷物质的静电交替沉积。也有很多文献报道PDDA有一定黏附作用，较容易在材料表面附着。当溶液环境pH大于3时，埃洛石纳米管的外表面荷负电，游离酶也显示负电荷。利用聚阳离子电解质对埃洛石表面修饰后，可以改变埃洛石纳米管的外部的电荷密度和正负电性，得到外表面带负电荷的PHNTs。然后利用PHNTs吸附初始酶液中带有相反电荷的游离酶，通过静电吸附作用实现载体对游离酶的固定。

4.2.2 PHNTs的制备

PDDA改性埃洛石纳米管的详细步骤如下：精确称取埃洛石纳米粉末

0.1 g,超声分散于含有 0.5%、1.0%、2.0% 质量分数的 PDDA 氯化钠溶液中。3 h 后将得到的悬浮液轻微搅拌过夜。而后多次使用去离子水离心洗涤所得样品,以去除样品表面未结合的 PDDA。将样品 60 ℃真空干燥 24 h 后真空贮存。最终得到的纳米粉体即为聚二烯丙基二甲基氯化铵改性的埃洛石纳米管——PHNTs。

4.2.3 PHNTs 用于固定酶的研究

PHNTs 用于固定酶的详细步骤如下:准确称取定量冷冻干燥的 PHNTs 于 100 mL 的浓度 4 mg/mL 漆酶原液中,放入预先设置好温度(25 ℃)和转速(150 r/min)的全温度恒温振荡培养箱,震荡 4 h 后得到含有固定酶的溶液,高速(8 000 r/min)离心 10 min 实现固液分离。随后用固定酶洗涤液多次离心洗涤至上清液不再有游离漆酶。收集所有洗涤液,并将实验所得固定酶冷冻干燥过夜,4 ℃贮存备用。通过计算漆酶原液与所有洗涤液中的蛋白含量和漆酶酶活力来分析固定酶的负载量等相关性能参数。PHNTs 的制备及其固定漆酶的过程如图 4.1 所示。

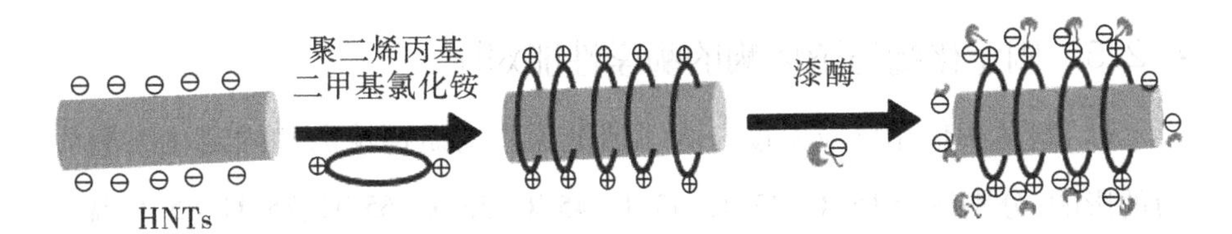

图 4.1 PHNTs 的形成过程及固定酶示意

4.2.4 PHNTs 及其固定酶的表征

PHNTs 及其固定酶样品的形貌、尺寸等情况利用 TEM 进行分析,样品的比表面积、孔径及孔体积等通过 N_2 吸附-脱附分析得到,表征仪器及方法详见 3.2.4。其他新增表征仪器及方法如下:

(1)热重分析。被测样品在受热或冷却过程中,当温度到达某值时,通常会发生熔化、分解、化合、蒸发、升华、液晶转化、玻璃化转变等物理和化学变化。因物质的含量不同,发生各种变化的温度也会发生移动,质量损失的百分含量也不尽相同。因此,通过热重分析的结果可以对样品进行定性、定量分析。本实验在氮气气氛下,利用 Q50 热重分析仪器测量样品在 20 ~ 700 ℃范围的失重变化,由此确定埃洛石纳米管上的 PDDA 负载量。

(2)原子力显微镜分析。利用原子力显微镜(AFM),观察改性前后样品表面性质的变化。分析前需对样品进行预处理:称取适量样品超声分散于乙醇溶液中,而后均匀涂覆在云母片表面并真空干燥。

(3)FI-TC 荧光显微分析。以紫外线为光源,根据荧光落射显微镜观察到的荧光形状及其位置,便可获得细胞内物质的微观结构。但并不是细胞中所有的物质均会发出荧光,这时,就需要先用荧光染料或荧光抗体对其染色标记,然后再进行观察。本研究所用荧光染料为异硫氰酸荧光素 FITC,最大吸收光波长为 490 ~ 495 nm,最大发射光波长为 525 ~ 530 nm,在显微镜观测中呈明亮的黄绿色荧光。FITC 上的硫氰酸基团通过与蛋白质分子上的伯胺基团反应形成硫脲键实现对生物活性酶的荧光标记。

4.2.5 固定化酶与游离酶的酶学性能对比

(1)最适酶催化反应温度。为了研究温度对游离漆酶和固定化漆酶活力的影响,分别测定 15 ℃、25 ℃、35 ℃、45 ℃、55 ℃、65 ℃、75 ℃、85 ℃温度下的游离漆酶和固定化漆酶的酶活力,比较两者酶活力变化,得到酶催化反应的最适温度。以酶活力最高者为 100% 。每次分别取三份样品平行测试。除温度变化外,其他反应条件保持不变。

(2)最适酶催化反应 pH。为了研究酸碱度对游离漆酶和固定化漆酶活力的影响,分别测定 pH 为 2、3、4、5、6、7、8 条件下的游离漆酶和固定化漆酶的酶活力,比较两者酶活力变化,得到酶催化反应的最适 pH。以酶活力最高者为 100% 。每次分别取三份样品平行测试。除 pH 变化外,其他反应条件保持不变。

(3)热稳定性。将游离漆酶与固定漆酶分别置于 60 ℃条件下保温 0.5 ~ 4 h,每隔 30 min 各取三份平行样品,并冷却至 25 ℃后测定游离漆酶和固定化漆酶的酶活力。将未经保温处理的初始酶活力标记为 100%。每次分别取三份样品平行测试。除温度变化外,其他反应条件保持不变。

(4)重复利用性。在实际应用中,固定酶的重复利用性对降低酶催化的使用成本尤其重要。因此该指标也成为衡量漆酶固定化性能必不可少的指标。在最佳酶活力所需的酸碱度和温度条件下,以 ABTS 为底物,进行多次连续催化反应,测定每次循环反应后固定酶的相对酶活力,旨在检验固定化漆酶的操作稳定性。具体操作如下:取三份等量固定酶进行固定酶酶活力测试,得到的初始酶活力标记为 100%。而后每次测定完酶活力,均用缓冲液多次清洗固定酶样品——直至洗涤液中不含游离漆酶,再测定固定酶的酶活,计算相对于初始酶活力的相对酶活。

4.2.6 对酚类污染物的降解

2,4-二氯酚(2,4-DCP)在农业、医药和化工等众多领域,广泛用作杀虫剂、除草剂、防腐剂、消毒剂和染料。但同时,2,4-DCP 具有致癌变、致突变、致畸变的高毒性,属于持久性有机污染物。即使排放到环境中的浓度很小,也依然会对生态造成不可挽回的破坏。《城镇污水处理厂污染物排放标准》(GB 18918—2002)规定 2,4-DCP 的最大允许浓度为 0.6 mg/L。作为漆酶的特异性底物,2,4-DCP 可在温和条件下就被氧化为毒性较低的产物。溶液中 2,4-DCP 含量的测定原理及方法如下:

2,4-DCP 与 4-AAP 在 pH 为 8 条件下发生反应,其产物被铁氰化钾进一步氧化为红褐色醌类物质。通过紫外-可见分光光度计,可观测到该物质在 510 nm 波长处存在最强吸收峰。因此,根据溶液中 2,4-DCP 的浓度与相应醌类物质的 $OD_{510\ nm}$ 的关系,绘制标准曲线,即可得到溶液中的氯酚含量。相同条件下,以不含 2,4-DCP 的溶液为参比。

在具体测试时,需要将溶液中 2,4-DCP 稀释至标准曲线的浓度范围。

依次向 2,4-DCP 溶液(10 mL)中加入氯化铵的氨水溶液(373.9 mmol/L,1.6 mL),铁氰化钾溶液(243 mmol/L,0.2 mL)和 4-APP 溶液(84.2 mmol/L,0.2 mL),混合均匀后在紫外-可见分光光度计中测试醌类物质的吸光度值,对照标准曲线得到溶液中的氯酚含量。根据固定漆酶或游离漆酶去除前后溶液中的氯酚含量,计算得到相应的 2,4-DCP 的去除率。

4.3 结果与分析

4.3.1 PHNTs 及其固定酶的表征

(1)透射电子显微镜分析。如图 4.2 为埃洛石纳米管 PDDA 改性前后的对比 TEM 图片。从(a)图中可以看出,产自河南的天然埃洛石纳米管通体中空管状,管长 800 nm 左右,管内径 10 ~ 20 nm,外径 50 ~ 70 nm。对比(b)图 2.0% 质量分数 PDDA 改性后的埃洛石纳米管的透射图片,能清楚地看到埃洛石纳米管在改性后依然保持着完整的管状结构,管体长度也未曾破坏,但是管壁外侧边缘略显模糊,通过测量可知 PHNTs 外径增大了 2 ~ 3 nm,说明 PDDA 已经成功负载在载体的表面。

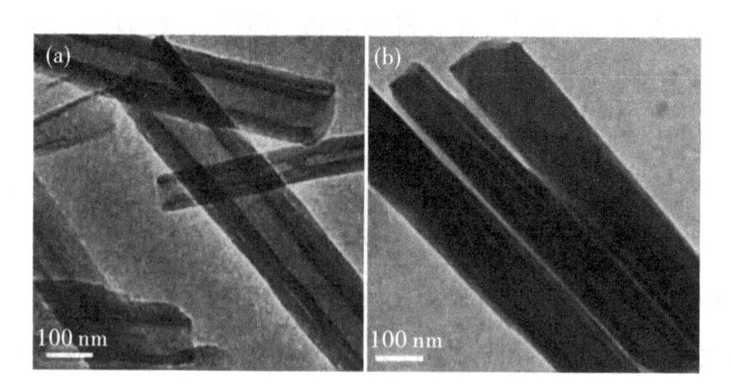

图 4.2 HNTs(a)和 PHNTs(b)的 TEM 图像

为考察不同浓度 PDDA 对埃洛石形貌的改变程度,分别选取质量分数为 0.5%、2.0% 和 3.0% 的 PDDA 氯化钠溶液对埃洛石纳米管改性,透射图片如图 4.3 所示。当 PDDA 浓度为 0.5%(质量分数)时,PDDA 在埃洛石纳米管表面的沉积效果不明显。从图 4.3(a)中依然可以观察到 HNTs 的层状结构。随着浓度的增大,当 PDDA 浓度为 3.0%(质量分数)时,部分 HNTs 在 PDDA 黏附力作用下团聚成片,形成厚厚的聚电解质膜。因此,后续实验选取 2.0%(质量分数)作为改性的最佳浓度。

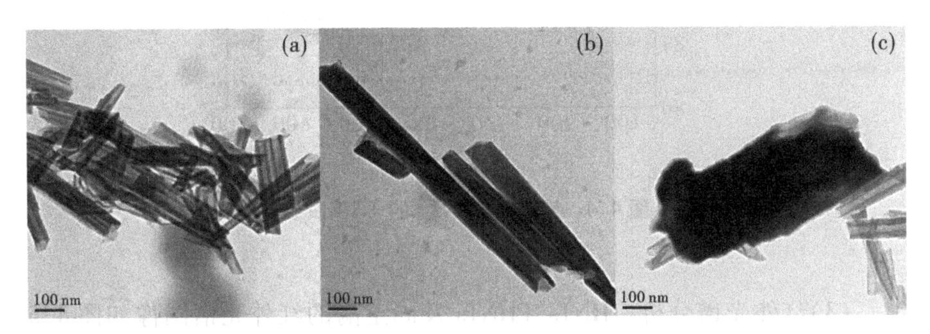

图 4.3　不同比例 PDDA 改性的 PHNTs 的 TEM 图像:0.5%(a)、2.0%(b)和 3.0%(c)

(2)热重分析。PHNTs 中负载 PDDA 的质量分数进一步通过 TGA 进行分析,结果如图 4.4 所示。根据先前的报道,原始 HNTs 在 700 ℃以下通常有两个失重区间[53,129]。第一个失重区间位于 100 ~ 400 ℃之间,归因于埃洛石纳米管层间游离水和吸附水的失去。第二个快速失重区间位于 400 ~ 520 ℃,是由硅铝酸盐晶格脱羟基所致。对比观察 PHNTs 的热重图谱,发现其热分解也存在两个失重区间[130,131]。在 200 ℃以下,样品表面吸附的液态、气态水发生热解。200 ~ 500 ℃之间,主要是硅酸盐的脱羟基反应和 PDDA 中季铵基的热解。此温度区间也是 PDDA 的一个典型热解范围。整个测量温度范围中,PHNTs 失重 15.90%,高于原始 HNTs 的 12.82%,说明 3.08% 的质量增加可能由于负载的 PDDA 的分解。也表明 PDDA 在 HNTs 表面负载量约为 3.08%。

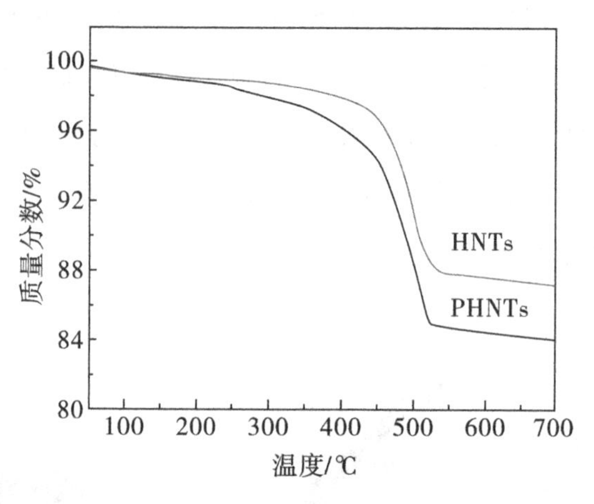

图 4.4 HNTs、PHNTs 的 TGA 曲线

(3)红外光谱分析。HNTs、PHNTs 及固定酶的红外光谱图像如图 4.5 所示。观察 HNTs 的红外光谱曲线,可以看到 3 696 cm^{-1},3 621 cm^{-1},3 484 cm^{-1}存在吸收峰,对应埃洛石纳米管表面羟基的伸缩振动;1 629 cm^{-1}的吸收峰归因于层间水的变形振动;观察到 1 100 ~ 500 cm^{-1}其他峰是由 Al—O—Si,Si—O,Al—O 的振动引起。在 PDDA 改性后的 HNTs 红外光谱中,上述所有的特征峰的强度均不同程度地减少,另外,在 1 637 cm^{-1}出现一个 C ═C 伸缩振动的新峰。在 PDDA 改性的碳纳米管中,也可以观察到类似现象。对比二者说明 PDDA 已经成功修饰 HNTs 表面。但还需要指出,PHNTs 没有明显的 C—N 振动峰出现,一方面可能因为样品中的 PDDA 含量不高(仅有 3.08%),另一方面埃洛石纳米管在 3 696 cm^{-1}处也有一处强吸收峰存在,可能会与 C—N 振动峰重叠。从 PHNTs 固定酶的红外光谱图中,可以明显观察到漆酶的主要特征峰——N—H 在 1 700 ~ 1 500 cm^{-1}的弯曲振动,—COOH 在 1 421 cm^{-1}的对称变形振动,C—H 在 2 931cm^{-1}的对称变形振动,N—H 在 3 500 ~ 3 300 cm^{-1}的伸缩振动。这些都表明漆酶已经成功与载体结合[132]。

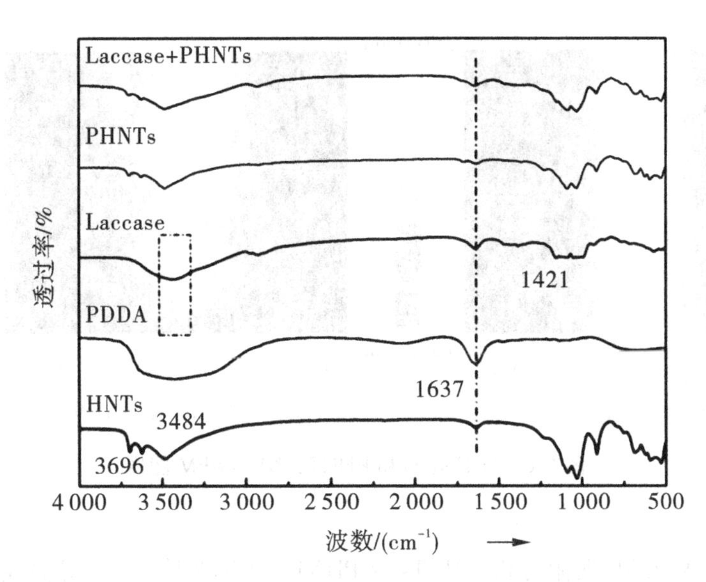

图 4.5　HNTs、PHNTs 及固定酶的红外光谱图像

(4)原子力显微镜分析。HNTs 及 PHNTs 的二维和三维原子力显微图片如图 4.6 所示。观察 HNTs 的二维 AFM 图片,可以明显发现 HNTs 表面平滑、边界清晰;HNTs 的三维 AFM 图片更立体生动地说明原埃洛石纳米管的管体笔直、管壁光滑。对比 PHNTs 的二维 AFM 图片,则看到纳米管管壁界限有重影,说明表面确实包覆了一层物质,该结果与 TEM 表征也相一致。通过在二维 AFM 图片中选取相同面积尺寸的区域(500 nm×500 nm)扫描,并采用 NanoScope Analysis 方法计算并对比改性前后样品的均方根粗糙度(Rq)和平均面粗糙度(Ra),得到原 HNTs 的 Rq 和 Ra 分别为 3.14 nm、2.62 nm,均低于 PHNTs 的 Rq(4.71 nm)和 Ra(3.99 nm),充分证明改性前后埃洛石纳米管表面粗糙度发生了变化。

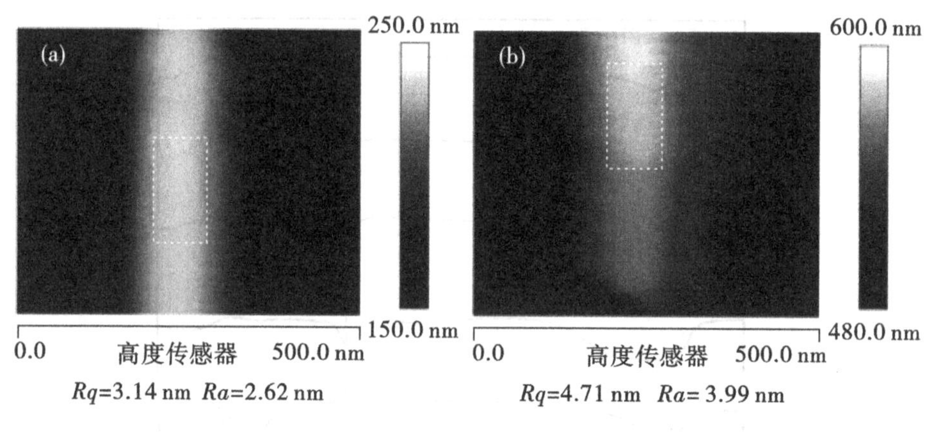

图 4.6　HNTs(a)和 PHNTs(b)的 AFM 图像

(5)N_2吸附-脱附分析。HNTs 及 PHNTs 的 N_2吸附-脱附等温线和孔径分布图如图 4.7(a)、(b)所示。从图中明显看到改性前后 HNTs 的 N_2吸附等温线均与脱附等温线呈现相同的变化趋势,两条线之间存在迟滞环。参照国际纯粹与应用化学联合会(IUPAC)对物理吸附等温线的分类标准可知,HNTs 及 PHNTs 的 N_2吸附-脱附等温线均属于Ⅳ型——说明两个样品都为片层状介孔材料,且介孔为圆柱状。经 BET 分析,HNTs 改性前后的比表面积从 37.75 m^2/g 减小到了 24.54 m^2/g,表明 PDDA 成功涂布 HNTs 表面。对比 HNTs 及 PHNTs 的孔径分布曲线,可以看出 PDDA/HNTs 和 HNTs 孔径分布相似但不同强度,孔径集中分布在 2 nm 和 10 nm 左右,这些峰位分别对应埃洛石纳米管堆积的孔隙和纳米管内部圆柱状空腔。也与 TEM 表征中,HNTs 外表面的 PDDA 薄层相符合。

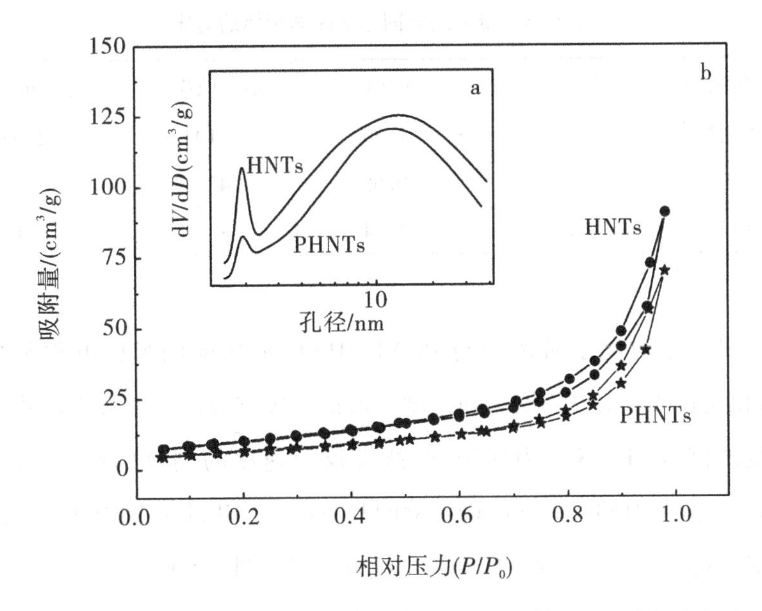

图 4.7　HNTs(a)和 PHNTs(b)的 N_2 吸附-脱附等温线和孔径分布图

4.3.2　固定化酶与游离酶的酶学性能对比

(1)漆酶在 PHNTs 的固定量及 K_m 值。为考察 PDDA 改性对固定酶的影响，本研究特意对比了游离酶、未改性埃洛石纳米管固定酶、PDDA 改性埃洛石纳米管固定酶的固定量、酶活及活性收率。从表 4.3 中可以看出，埃洛石纳米管 PDDA 改性后对漆酶的固定量、酶活及活性收率均有提高，说明这种改性方法还是有利于固定酶的。PDDA 一方面与酶形成化学键吸附固定在载体周围，另一方面改变 HNTs 表面正电荷密度，通过静电吸附负电荷的漆酶[133]。PHNTs 固定酶的活性收率(82.67%)明显高于 HNTs 固定酶(43.33%)，进一步证实这种材料可以用做固定酶的载体。

表4.3 游离酶与固定酶酶学指标的对比

固定化漆酶	固定量/(mg/g)	酶活/(U/g)	活性收率/%	K_m/(mmol/L)
游离漆酶	—	1.50	100	2.09
HNTs	21.46	0.65	43.33	2.29
PHNTs	41.28	1.24	82.67	3.11

本研究还对比了游离酶与 PHNTs、HNTs 固定酶的米氏方程常数 K_m 值,量化比较两者对底物的亲和程度。根据米氏方程的线性方程形式,以底物浓度的倒数($1/[S]$)为横坐标,酶促反应速度的倒数($1/[v]$)为纵坐标,做游离酶与 HNTs、PHNTs 固定酶的 Lineweaver-Burk 双倒数图,并拟合出三者对底物 ABTS 的酶促反应动力学线性方程如图 4.8 所示。

$$Y_{\text{游离酶}} = 0.0305X + 0.0146 \tag{4.1}$$

$$Y_{\text{lac-HNTs}} = 0.1936X + 0.0845 \tag{4.2}$$

$$Y_{\text{lac-PHNTs}} = 0.3621X + 0.1166 \tag{4.3}$$

式中,Y 即 $1/[v]$,单位 min/mol;X 即 $1/[S]$,单位 L/mol。游离酶与 HNTs、PHNTs 固定酶氧化降解底物 ABTS 的酶促动力学方程表达式分别为:

$$v_{\text{游离酶}} = \frac{68.5[S]}{2.09 + [S]} \tag{4.4}$$

$$v_{\text{lac-HNTs}} = \frac{11.83[S]}{2.29 + [S]} \tag{4.5}$$

$$v_{\text{lac-PHNTs}} = \frac{8.58[S]}{3.11 + [S]} \tag{4.6}$$

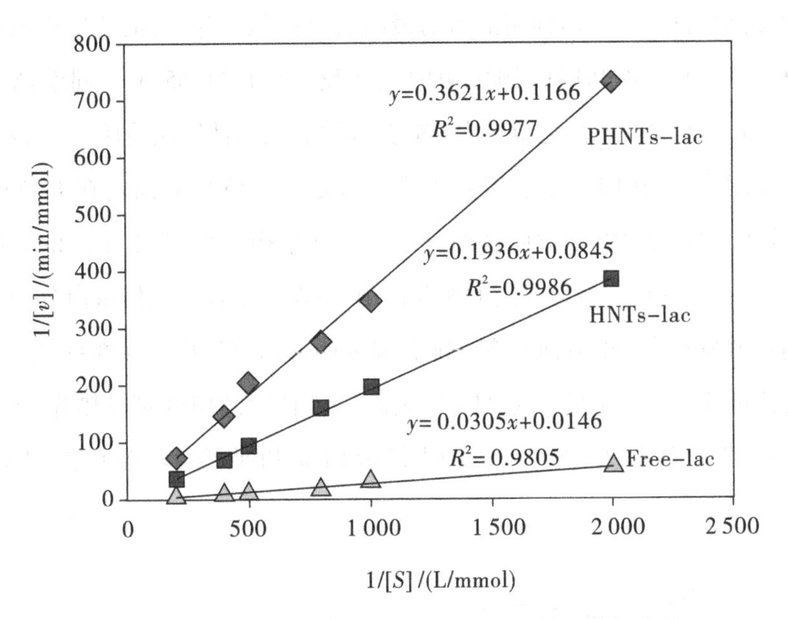

图 4.8 游离酶与 PHNTs、HNTs 固定酶的米氏方程常数

由上式可得游离酶与 HNTs、PHNTs 固定酶对 ABTS 的米氏常数分别为 2.09 mmol/L,2.29 mmol/L,3.11 mmol/L。PHNTs 固定酶的米氏方程常数 3.11 mmol/L 大于游离酶的 2.09 mmol/L,K_m 的升高说明固定酶与底物的亲和力下降。这是由于 PDDA 一方面增大漆酶与载体之间的静电引力,另一方面改变埃洛石米纳米管表面的黏附力,使 HNTs 与酶之间形成相对稳定的结构,酶活性中心可能因此受到破坏。此外由载体引起的隔离效应和扩散效应也会导致底物与固定酶的接触减少,亲和力下降[134]。

(2)最适酶催化反应温度。由于酶促反应受温度的影响较大,因此在 15~85 ℃温度变化范围内,对比考察了生物酶固定前后的酶活变化,结果如图 4.9 所示。酶促反应本质上是化学反应,必然随着温度的上升会出现速率增大的现象。但同时,酶又会在高温的影响下,蛋白质的三维结构遭到不同程度的破坏,从而发生热变形导致部分酶活损失。因此游离酶和 PHNTs 固定酶的酶活力随着温度的上升先增大后减小,呈现出相同的"钟型"趋势。

其中,游离酶在 35 ℃达到酶活力的最高值,说明游离酶的最适反应温度在 35 ℃。同理可知,PHNTs 固定酶的最适反应温度在 65 ℃。同游离酶相比,在 40 ~ 85 ℃温度变化范围内,固定酶的相对酶活保持更加稳定。说明酶的高温耐受力,在固定之后得到提升。这是因为游离酶固定在 PHNTs 之后,载体限制了酶的流动性,使酶分子的刚性结构加强,改变了酶的局部微环境[135]。同时酶与载体之间的相互作用,也在一定程度上使蛋白分子的构象朝着增强耐热性的方面改变。随着温度的升高,85 ℃时游离酶和固定酶的酶活都几乎消失殆尽。这是因为高温一方面导致 PDDA 部分热解,部分固定酶从载体上脱落;另一方面引起蛋白质扭曲变形,破坏酶结构的刚性[136,137]。

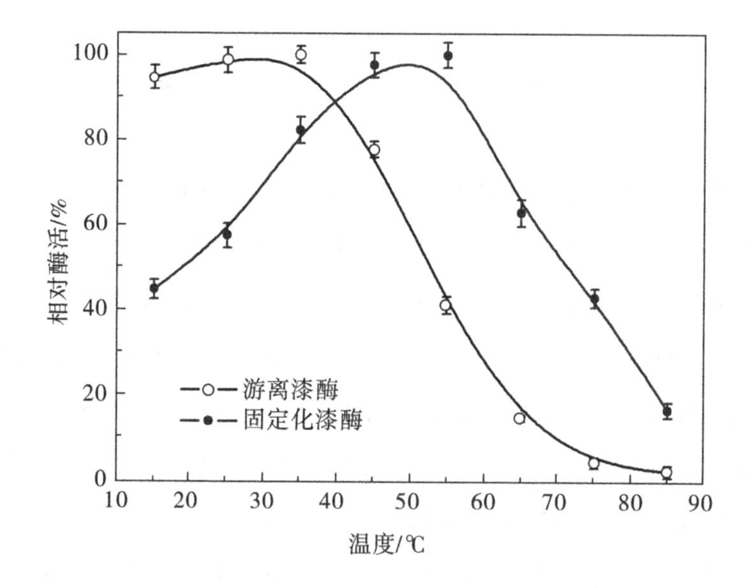

图 4.9　温度对游离酶和固定酶的酶活力的影响

(3)最适酶催化反应 pH。在广谱 pH 范围内,我们对比考察了 pH 对游离漆酶、PHNTs 固定酶的酶活力的影响。从图 4.10 中可以看出,游离酶的酶活力在 pH 3.5 ~ 4.0 附近达到最大值,PHNTs 固定酶的酶活力则在 pH

5.0 左右达到最值。这是因为 PDDA 改性后，酶与载体之间的电子相互作用加强，也会使酶活的酸碱变化曲线向 pH 变大的方向移动[138]。在海藻酸钠固定酶和磁性介孔碳材料固定酶的研究中，也观察到了类似的现象[89,135]。pH 6 时，可以明显观察到游离漆酶的酶活已经完全失活，而固定酶的相对酶活保持在初始酶活的 50% 左右。这说明相对游离漆酶，固定化漆酶更能有效对抗外部环境的干扰[139]。

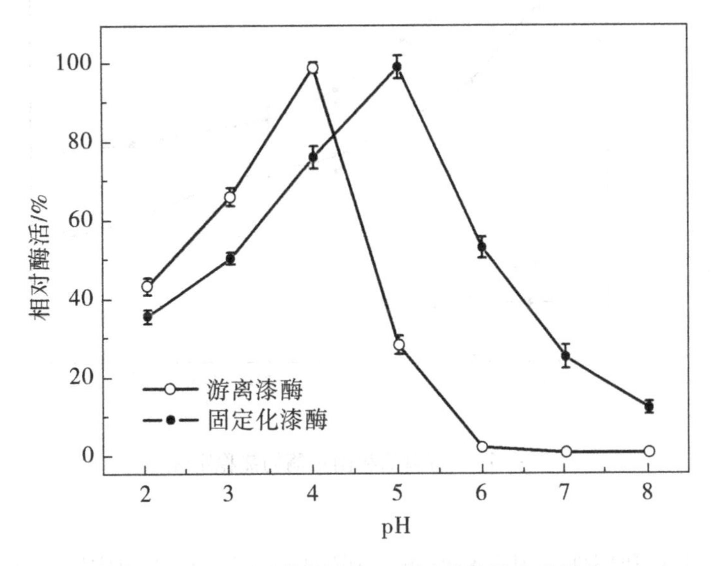

图 4.10　pH 对游离酶和固定酶的酶活力的影响

(4) 热稳定性。图 4.11 说明了 60 ℃时游离酶和固定酶在 pH 5 缓冲液中的酶活变化趋势。可以看到随着温度变化，二者均呈现出不同程度的下降趋势，固定漆酶在每个时间梯度的下降速率略缓于游离漆酶。反应 1 h 后游离漆酶保有相对初始酶活的 67.8%，而固定酶则保有 92.7%。反应 6 h 后游离漆酶仅仅保有相对初始酶活的 42.7%，而固定酶依然保有 57.8%。固定化漆酶的热稳定性优于游离漆酶，主要归因于固定之后载体对生物酶的结构和热阻的改变[140]。当周围环境温度发生变化时，一方面具有天然阻燃性能的黏土复合材料可能导致固定酶的“酶活—温度”曲线发生偏移[141]；

一方面,漆酶可以把吸收的热量分配给载体,载体在一定程度上避免漆酶直接受外部环境的影响[142]。也就是说,在同样的温度条件下,固定漆酶的耐热性相对优于游离漆酶。抗热变性能的改善,将会提高生物酶在实际废水处理体系中的耐受程度。

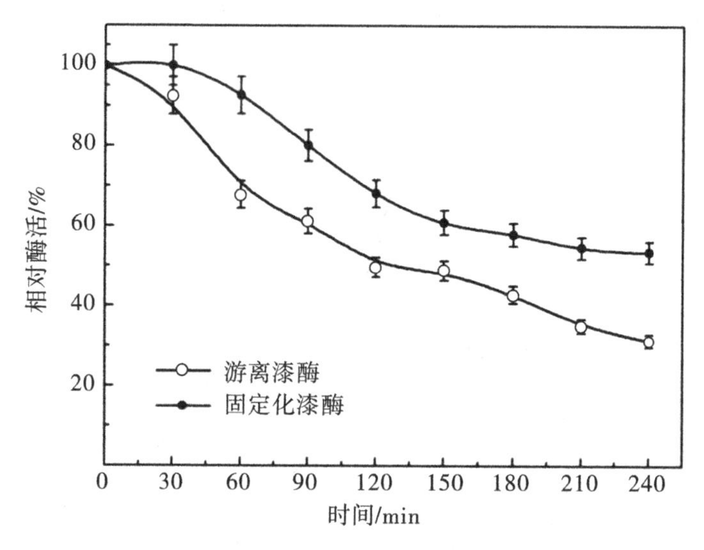

图4.11　游离酶和固定酶的热稳定性

(5)重复利用性。固定酶的重复利用性是降低生物酶实际使用成本的一个重要指标。通过将游离酶固定在不溶于水的载体,实现对酶的回收及重复利用,提高生物酶在实际应用中的利用效率,降低生产成本。因此,考察了 PHNTs 固定酶在 pH 5.0,25 ℃条件下的重复利用性。从图 4.12 得知,PHNTs 固定酶在重复三次后有 86% 的相对初始酶活,重复 10 次后仍然有 50% 的相对初始酶活。说明 PHNTs 固定酶有良好的重复利用性。在重复利用实验中,可能由于固定酶颗粒发生团聚,或部分已固定漆酶在外力作用下从载体上脱落,使得固定酶的酶活随着重复利用次数递减[87]。固定漆酶在每次完成催化反应后,通过离心实现与反应体系的分离。将所得的固定酶多次用缓冲液洗涤,直至洗涤液中不含能使 ABTS 显色的游离酶为止。在前两次重复利用中，酶活的变化不大，说明洗涤过程中，外力引起脱落的固定酶量应该是极少的。固定酶酶活的逐渐减小，应该与反应过程中酶的失活有重要关系。固定酶与 ABTS 发生氧化反应后，生成的产物 $ABTS^{2+}$ 环绕或覆盖在漆酶活性位点周围，或引起活性点位发生构象上的变化，从而致使部分固定酶活性受到抑制。

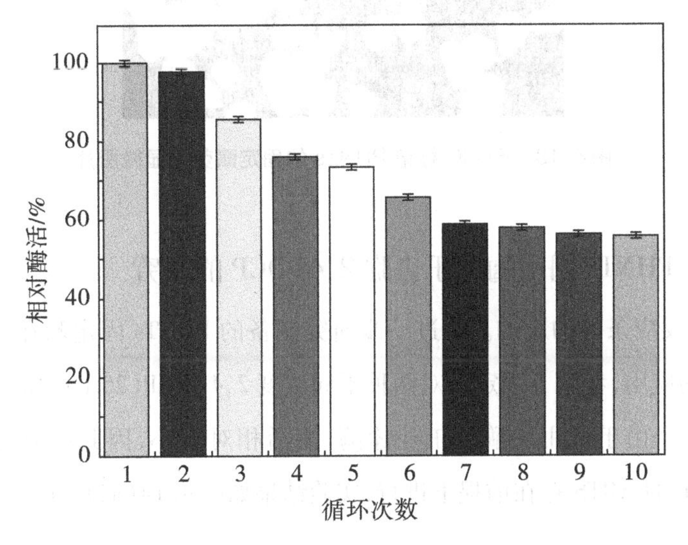

图 4.12 PHNTs 固定酶的重复利用性

(6) FI-TC 荧光显微镜分析。PHNTs 固定酶的 FI-TC 荧光标记图片如图 4.13 所示。FI-TC 荧光中的异硫氰基团可以与漆酶分子中的活性组分结合，并在紫外光照射下发出黄绿色荧光。观察荧光分布情况和强弱程度，可以分析样品中酶分子的分布及活性。在图 4.13 中明显观察到有明亮的黄绿荧光存在，且荧光外部轮廓与 TEM 中 PHNTs 的轮廓相似，说明在载体周围成功固定了大量的漆酶，且固定后的酶活力仍然很高。

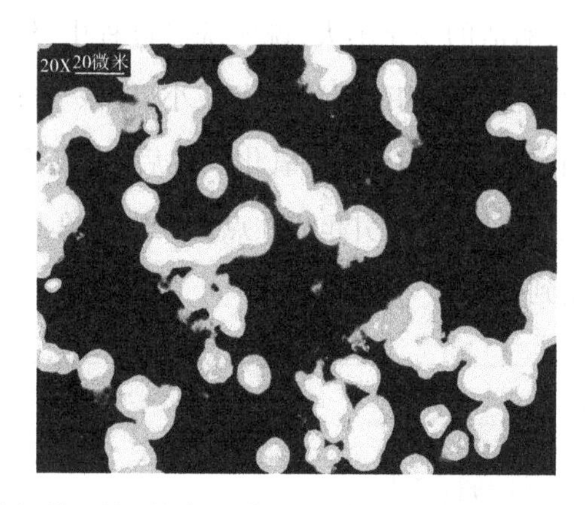

图 4.13 FT-IC 标记 PHNTs 的固定酶荧光显微图片

4.3.3 PHNTs 固定酶用于去除 2,4-DCP 的研究

(1)反应条件的影响。为进一步研究制备的 PHNTs 固定酶在实际污水处理中的应用,考察了固定酶对两种不同浓度 2,4-DCP(25 mg/L,50 mg/L)降解效果。由于所用漆酶为工业漆酶,酶活相对较小,因此所有实验都在 1 mmol/L 的 ABTS 存在前提下进行,实验结果如图 4.14(a)所示。

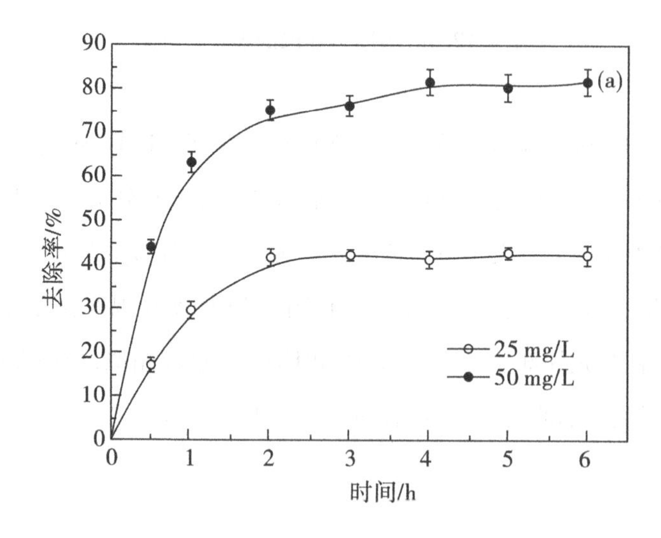

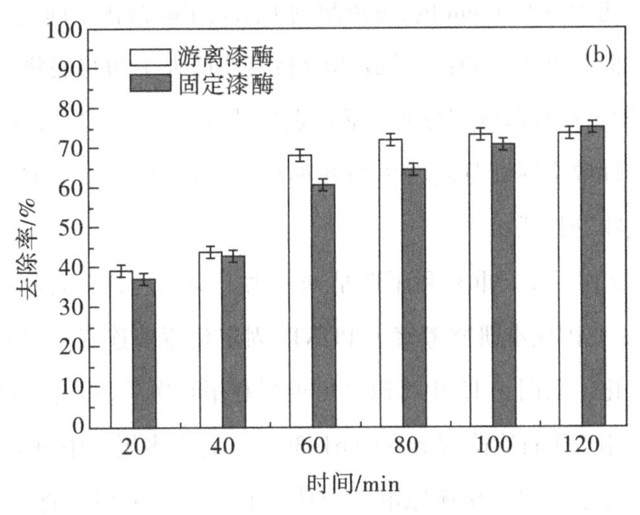

图 4.14 (a) PHNTs 固定酶去除不同浓度 2,4-DCP 的效果;(b) 固定酶和游离酶降解 2,4-DCP 随时间的去除效率

PHNTs 固定酶 6 h 后对 50 mg/L,25 mg/L 的 2,4-DCP 去除率分别为 42.58% 和 81.66%,且大部分目标物的降解都发生在前两个小时。这与酶催化反应具有高效性、特异性的特点相符。对比同等酶活的固定酶与游离酶的去除效果,发现在反应初始阶段,游离酶去除率略高。这是因为有部分酶固定在埃洛石管腔内部,需要一定的时间才能实现酶与底物的充分接触。也即固定酶体系的扩散阻力相对来说大于游离酶体系。有研究表明,小分子氧化还原电子介体的存在可以增大苯氧基周围的电子密度,进而提高氧化反应的速率[143]。例如,Kazuhito 的研究显示,加入小分子量的电子介体——芥子酸,能够有效提高漆酶处理系统中 2,4,5-三氯苯酚、2,4,6-三氯苯酚和 2,4-二氯苯酚的转化率[144]。Johannes 对比了单一漆酶与漆酶/ABTS 体系对蒽醌的催化氧化效果,发现加入 ABTS 后氧化效率从 35% 增大至 75%[145]。为了更好地理解游离酶和固定酶催化降解 2,4-DCP 的机理,本实验对比两种催化剂在前两个小时的去除效果,结果如图 4.14(b)所

示。在反应初始的100 min内,游离酶的去除效果略微优于固定酶。分析出现的原因大概有以下两种:一是载体的黏附性增大了酶与底物之间的扩散阻力;二是固定过程造成部分酶的活性点位被覆盖[146]。但是2 h之后,固定化漆酶的处理效率逐渐赶超游离酶并都趋于平衡,符合生物催化剂短时间迅速氧化底物的特征。

(2)重复利用性。重复利用性是判断固定酶是否具有商业应用潜质的重要标准之一,因此本研究考察了PHNTs固定化漆酶连续多次降解污染废水的效率变化。从图4.15中可以看出重复利用6次后,固定酶对2,4-DCP的氧化能力相当于首次降解效率的61.39%。有许多报导中也提到,向反应体系投加小分子量的氧化还原电子介体有利于顽固型污染物的转化降解。在本实验中,每次重复利用都投加1 mmol/L的电子介体ABTS。结果表明固定酶对污染物的处理效率确实会随着重复次数的增加而削减。出现这种趋势,可能跟循环利用时部分酶脱落或失活有关[117]。该实验现象与固定酶酶活的重复利用性相一致。

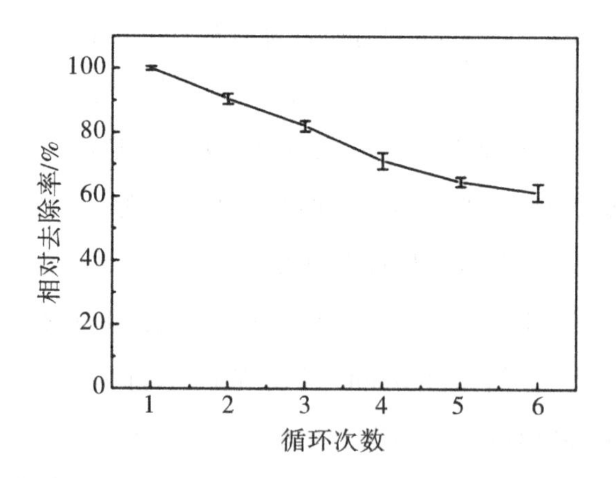

图4.15 PHNTs固定酶降解2,4-DCP的重复利用性

4.4 本章小结

本实验利用聚合物聚二烯丙基二甲基氯化铵溶液 PDDA 成功对 HNTs 表面进行了改性，并将制备的 PHNTs 用于固定漆酶。对比研究 PHNTs 固定酶与游离酶的酶学性能，并对 PHNTs 固定酶的重复利用性及其在废水处理中的应用与重复利用性进行了考察。得到如下结论：

(1)TEM 结果证实埃洛石纳米管的表面成功负载了厚度 2～3 nm 的 PDDA 膜，AFM 结果表明 PDDA 修饰之后表面粗糙度变大，TGA 分析表明 PDDA 固定量约为 3.08%。

(2)通过对比原 HNTs 与 PHNTs 的漆酶固定量，PDDA 改性后漆酶的固定量(41.28 mg/g)高于 HNTs 固定酶(21.46 mg/g)，PHNTs 固定酶的活性收率(82.67%)明显高于 HNTs 固定酶(43.33%)。对比研究游离酶与 PHNTs 固定酶的米氏方程常数 K_m 值，PHNTs 固定酶的 K_m 值 3.11 mmol/L 大于游离酶的 2.09 mmol/L，表明固定后酶与 ABTS 的亲和程度下降。

(3)PHNTs 固定酶性能研究结果表明，所制备的 PHNTs 固定化漆酶同游离漆酶相比，在 pH 耐受、抗热变性能尤其热稳定性均有明显改善。以 ABTS 为底物的重复利用性研究中，固定化漆酶的活性在 10 次循环后保持在初始活性的一半以上。

(4)在处理 2,4-DCP 废水实验中，PHNTs 固定酶对 50 mg/L，25 mg/L 的 2,4-DCP 去除率 6 h 后分别为 42.58% 和 81.66%，且大部分目标物的降解都发生在前两个小时，说明 PHNTs 固定酶能够高效快速降解污染物。PHNTs 固定酶连续 6 次降解 2,4-DCP 后仍能保持较高的去除率，具有良好的重复利用性。进一步说明酶与 PHNTs 结合紧密，具有良好的操作稳定性和环境适应性，在实际水处理工艺中具有应用潜力。

5 HNTs仿生微球的制备及其酶固定性能

HNTs与许多其他纳米管一样,具有团聚成束的倾向,导致有效比表面积的降低,从而导致生物分子固定的性能受到一定程度的阻碍。为了解决这个问题,一种简单有效的方法是将这些纳米结构单元自组装和/或定向组装成三维(3D)微孔结构[147-152]。通过这种结构可以有效减少或消除反应物的质量传递阻力,利用三维微孔以及纳米尺寸、微米尺寸组件的优点,增强反应期间固定化酶或生物分子与底物的相互作用。与其他纳米尺寸的材料相比,几乎没有研究报道埃洛石纳米管的自组装,因此,将天然埃洛石纳米管组装成层状多孔结构仍然是一个非常具有挑战性的任务。

在海洋环境中,蚌类分泌的足丝腺液能够将任何材料都强有力地黏合在一起。于是,有研究者在模拟的海洋碱性湿态环境中,对这种蛋白的黏附性能进行了考察。发现不论载体的材质如何,足丝腺液几乎能在任何亲水或疏水的表面上聚合成膜,甚至可以在聚四氟乙烯表面沉积成膜。而且生成的沉积膜与载体之间的结合力很强,介于共价键与非共价键之间。在pH<13条件下,黏附膜均能长期、稳定存在于载体表面。通过对足丝腺的成分检测发现,蚌类独具超强黏合力的原因是富含一种黑色的神经传导物质——多巴胺。于是,众多研究者受此启发,开始尝试利用多巴胺改性贵金属、金属氧化物、陶瓷材料和半导体等载体,也有研究者利用多巴胺修饰的载体固定生物大分子[153-157]。沉积在材料表面的聚多巴胺层厚度一般为20~50 nm。随着载体表面酚羟基和氨基增多,材料的生物适应性也随之增加。

由于邻苯二酚在碱性条件下容易氧化成邻苯二醌，当溶液中存在巯基、氨基、亚氨基时，很容易与之发生迈克尔加成反应或生成希夫碱。因此也有文献称多巴胺改性为下一步反应提供了良好的平台，且为载体提供良好的热稳定性。

因此我们利用多巴胺改性样品，通过形成新的生物相容性的表面，实现对酶或生物分子的固定化。受到由稻草、泥浆及其唾液制成的燕窝状结构的启发，在目前工作，我们选择一种天然纳米管作为构建块，通过简单的湿化学方法自组装成巢状仿生微球(3D 架构)，并进一步用多巴胺的生物分子修饰微球与以加强仿生实体。由于微球的合成方法温和、绿色、不涉及任何有毒试剂，且埃洛石纳米管储量丰富，因此同其他合成的生物大分子载体相比，仿生微球更具有优势和发展前景。

5.1　实验材料

5.1.1　实验药品

实验所用药品如表 5.1 所示。

表 5.1　实验所用药品

试剂名称	厂家
漆酶	Sigma 试剂
ABTS(≥99%)	Sigma 试剂
考马斯亮蓝 G-250(AR)	阿拉丁试剂
磷酸氢二钠(≥98%)	阿拉丁试剂
柠檬酸(≥98%)	阿拉丁试剂
牛血清蛋白(BSA)	阿拉丁试剂
铁氰化钾	阿拉丁试剂
4-氨基安替吡啉	阿拉丁试剂
2,4-DCP(≥99%)	麦克林试剂

续表 5.1

试剂名称	厂家
盐酸多巴胺	麦克林试剂
异硫氰酸荧光素(FITC)	麦克林试剂
Tris(分析纯)	麦克林试剂
壳聚糖(CTS,92%脱乙酰度)	科密欧试剂有限公司
戊二醛 50%溶液(分析纯)	科密欧试剂有限公司
油酸(分析纯)	天津市风船化学试剂科技有限公司

埃洛石纳米管产地是河南省某矿区,经球磨喷雾干燥及过筛(300 目)处理之后,得到品质良好、纯度≥99%的埃洛石纳米粉体。实验用水为去离子水。

5.1.2 实验仪器

实验及表征所用仪器如表 5.2 所示。

表 5.2 实验中使用的设备

设备名称	型号规格	生产单位
全温度恒温振荡培养箱	HZQ-F100	太仓市华美生化仪器厂
磁力搅拌器	HJ-4	巩义予华仪器有限责任公司
超声波清洗器	KH-100	巩义予华仪器有限责任公司
高速台式离心机	TGL-16C	上海安亭科技仪器有限公司
真空干燥箱	DZF-6020	巩义予华仪器有限责任公司
紫外-可见分光光度计	UV-2450	日本岛津公司
傅里叶变换红外光谱仪	WQF-510	北京瑞利分析仪器公司
电冰箱	BCD-215TQMB	美的基团
比表面积及孔隙度分析仪	NOVA4200e	美国康塔仪器公司
落射荧光显微镜	BM-21AY	上海彼爱姆光学仪器制造有限公司
pH 计	雷磁,PHS-3C	上海仪电科学仪器股份有限公司

5.1.3　试剂配制

(1)初始酶液:精确称量不同质量的漆酶干粉,溶于特定 pH 的磷酸氢二钠-柠檬酸缓冲液中,得到浓度和 pH 不同的漆酶原液,用于固定酶的研究。

(2)固定酶洗涤液:将固定酶与初始酶离心分离,用与漆酶原液 pH 相同的磷酸氢二钠-柠檬酸缓冲液多次洗涤所得固定酶,确保滤液中不再含有游离漆酶。

(3)壳聚糖的醋酸溶液:准确称取脱乙酰度 92% 壳聚糖(质量分数为 1.4%)600 mg,将其溶于 50 mL 冰醋酸水溶液(质量分数为 2%)混合均匀备用。

(4)Tris-HCl 缓冲液:准确称取 121.14 mg 的 Tris 试剂室温下溶于 90 mL 去离子水中,待完全溶解后,向溶液中缓慢滴加 5 mol/L 盐酸溶液以调节 pH 至 8.5。加水稀释溶液并定容至 100 mL 容量瓶,摇匀即制得 10 mmol/L,pH 8.5 的 Tris-HCl 缓冲液。

5.2　实验方法

5.2.1　HNTs 仿生微球的合成机理

壳聚糖在冰醋酸溶液中发生质子化显示正电,埃洛石纳米管外表面带负电荷,通过静电相互作用能够实现壳聚糖对埃洛石纳米管外表面的改性。改性后的埃洛石纳米管,内部管腔仍然保持畅通。然后利用油酸乳化 CTS/HNTs 溶液,充分搅拌使之形成微乳液。静置一段时间后,表面带正电的 CTS/HNTs 在表面带负电的油酸液滴外侧发生自组装,形成包裹了油酸液滴的壳聚糖埃洛石复合微球。利用油酸溶于乙醇的特性,对该微球进行除核,至此埃洛石纳米管的 3D 巢状结构自组装搭建完成。最后通过在自组装微球外侧沉积聚多巴胺膜,增强微球的仿生学特性和机械强度。多巴胺富含的邻苯二酚基团,可与游离酶的氨基发生希夫碱反应或迈克尔加成反应,为酶的固定提供可键合的基团。

5.2.2 HNTs 仿生微球的制备

典型的 HNTs 仿生微球合成实验中,首先在超声浴中边搅拌边向去离子水中投加适量 HNTs,分散均匀后配制成4%质量分数的 HNTs 溶液。然后在恒定搅拌下混合相同体积(50 mL)的 HNTs 水溶液和壳聚糖冰醋酸溶液,确保壳聚糖完全包覆在 HNTs 表面上,标记为 CTS/HNTs 溶液。接着用油酸(OA,25 mL)(生物相容性有机相)将 CTS/HNTs 溶液乳化,形成水/油微乳液。静置 12 h 后破坏微乳液,向微溶液中滴加乙醇溶液并形成沉淀。然后用 NaOH 溶液中和沉淀物,并用去离子水重复冲洗直至微球 pH 显示中性。最后将沉淀物浸在 Tris-HCl(0.2 mg/mL,pH 8.5)的多巴胺缓冲溶液中 6 小时。用蒸馏水反复洗涤离心分离得到黑色产物。

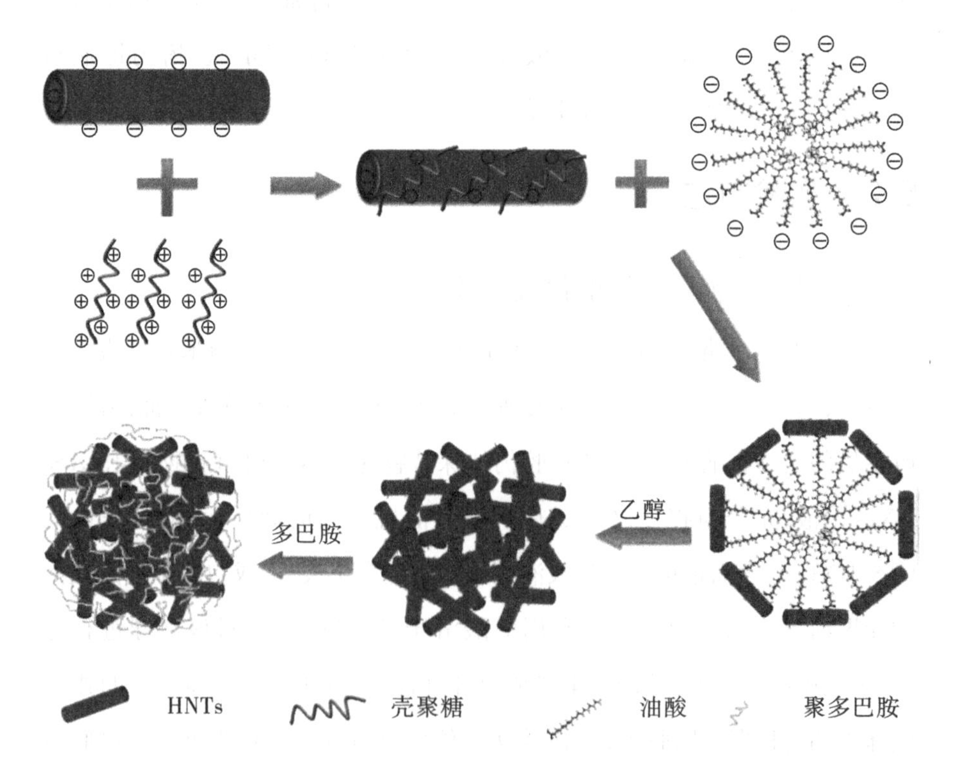

图 5.1 HNTs 仿生微球的制备流程图

5.2.3 HNTs 仿生微球的表征

HNTs 仿生微球的红外光谱分析、N_2吸附-脱附分析、紫外-可见分光光度计分析所用的仪器与方法详见4.3。新增表征方法如下：

(1)SEM 扫描电子显微镜分析。利用 SEM 扫描电子显微镜(JSM-6701F)对样品的外部形貌和内部微观结构、孔径大小、埃洛石纳米管分布情况进行观察。测试前需要称取微量样品，制成粉末超声分散于无水乙醇溶液中，在导电胶上制样并进行喷金预处理。

(2)FI-TC 荧光显微分析。利用荧光显微镜(BM-21AY)观察被标记蛋白发出的荧光，获得酶蛋白分子在载体中的负载量及分布情况。测试前需要称取适量样品，用荧光染料异硫氰酸荧光素(FITC)对样品中具有生物活性的酶进行荧光标记。

(3)X 射线光电子能谱分析(XPS)。使用 X 射线光电子能谱(Thermo VGESCALAB250)对 HNTs 仿生微球固定酶中 C、N、O 等元素价态进行分析，在此基础上探讨仿生微球的酶固定化机理。

5.2.4 HNTs 仿生微球用于固定酶的研究

典型的漆酶固定化实验在4 ℃下0.1 mol/L，pH 5 的柠檬酸盐-磷酸盐缓冲液中进行。固定 24 小时后，通过测定收集的上清液中剩余漆酶的浓度，判断初始漆酶浓度的变化对负载量的影响。固定后，多次用 pH 5 缓冲液洗涤固体微球以去除未结合紧密的漆酶，并收集上清液。将固定化酶储存在4 ℃备用。上清液用来测量残留酶的浓度，以确定微球上的酶负载量。

5.3 结果与分析

5.3.1 HNTs 仿生微球及其固定酶的表征

(1)扫描电子显微镜分析。通过扫描电子显微镜(SEM)观察 HNTs 仿生微球，了解微球内部的微观形态。图5.2 分别展示了未进行表面修饰的仿生微球[图5.2(a)和(b)]和用多巴胺修饰的微球的 SEM 图像[图5.2(c)和

(d)]。图5.2(a)显示天然埃洛石纳米管可以自组装成鸟巢状仿生微球。这是由微乳液中壳聚糖改性的HNTs与OA分子的亲水头部之间产生静电吸引所致。但是微球的尺寸平均20~25 μm,远远大于油酸单个胶束的尺寸(约几十纳米)[158]。因此推测,数百个自由基组装的油酸胶束形成了团簇结构,微球正是以此为软模板自组装形成的。图5.2(b)是未改性的仿生微球表面细节图,显示出鸟巢状微球表面的HNTs保持其固有的管状结构并彼此重叠。图5.2(c)和(d)则展示了多巴胺改性之后微球表面的略微改变,修饰后微球的表面覆盖了一层膜状物质,单根埃洛石纳米管的表面也变得粗糙,这都说明聚多巴胺在微球表面已经成功附着。

(2)光学显微镜分析。通过光学显微镜观察湿态的HNTs仿生微球,如图5.3(a)所示。该照片证实微球的粒度分布范围为10~30 μm。如图5.3(b),使用粒度分析软件对微球的直径分布进行分析,图中显示微球的尺寸分布主要集中在22 μm左右,与SEM及光学显微镜观察的结果一致。

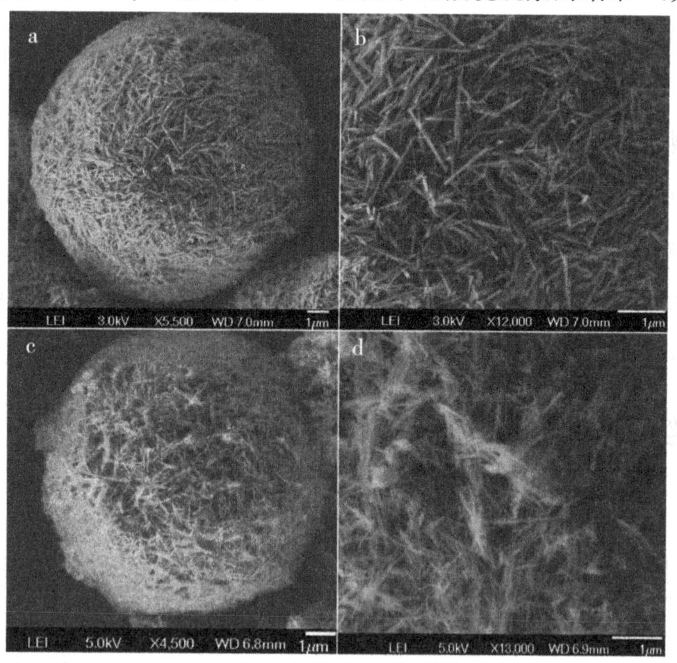

图5.2 HNTs仿生微球(a)(b)和多巴胺改性后(c)(d)的SEM图片

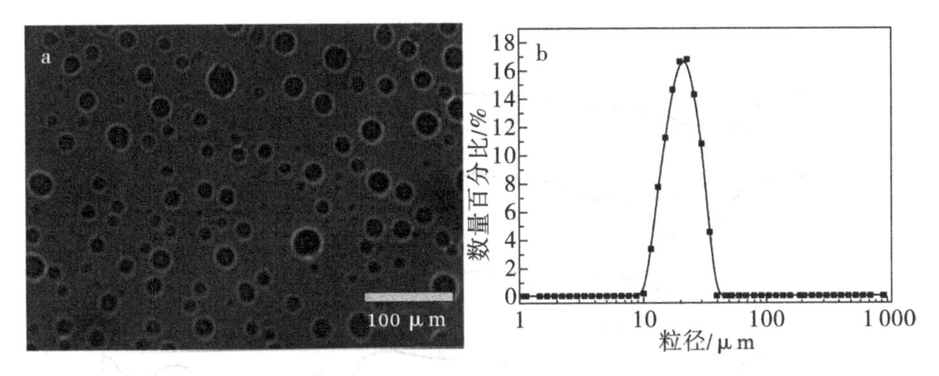

图 5.3 HNTs 仿生微球光学显微镜图片及粒径分布

(3)红外光谱分析。HNTs、壳聚糖、漆酶、HNTs 仿生微球及其固定酶的红外光谱图像如图 5.4 所示。HNTs 的红外光谱上 3 696 cm^{-1},3 625 cm^{-1},3 487 cm^{-1}存在吸收峰对应埃洛石纳米管表面羟基的伸缩振动;1 638 cm^{-1}的吸收峰对应层间水分子的变形振动;在 1 033 cm^{-1}的吸收峰对应 Si—O 的面内振动,位于 693 cm^{-1}和 535 cm^{-1}的吸收峰则是由 Si—O 垂直伸缩振动和 AlOSi 的变形振动引起。CTS 的红外谱图在 3 439 cm^{-1}处有明显的吸收峰是由—NH_2官能团的伸缩振动引起的,在 1 657 cm^{-1}处的吸收峰为—NH_2的弯曲振动。HNTs 仿生微球的 FTIR 光谱中位于 2 925 cm^{-1}处的吸收峰为壳聚糖骨架 CH—的伸缩振动峰;1 638 cm^{-1}处的吸收峰为—C≡N—伸缩振动,1 709 cm^{-1}处的羰基伸缩振动峰共同说明多巴胺已在微球表面成功附着。漆酶固定仿生微球之后,漆酶和微球表面上的聚多巴胺的官能团之间相互作用,引起 1 638 cm^{-1}和1 411 cm^{-1}处的特征峰呈现轻微的偏移。FTIR 表征证实漆酶在固定后保持其基本结构,说明固定酶具有较高稳定性。

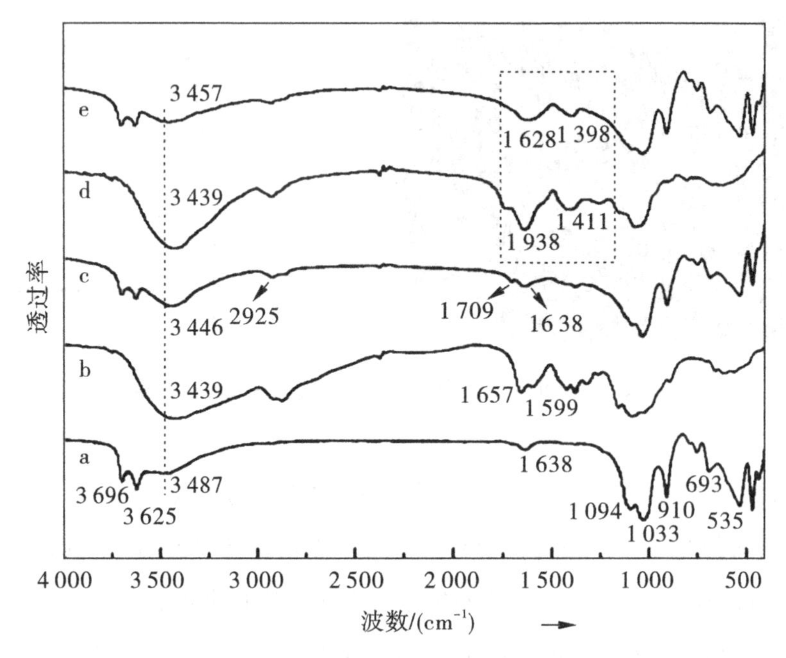

图 5.4　HNTs(a)、壳聚糖(b)、漆酶(c)、HNTs 仿生微球(d)及其固定酶(e)的 FTIR 曲线

(4) N_2吸附-脱附分析。HNTs 仿生微球的 N_2吸附-脱附等温线和孔径分布图如图 5.5 所示。从图中明显看到样品的 N_2吸附-脱附等温线属于Ⅳ型，说明微球仍然保持了 HNTs 的片层圆柱状介孔。经 BET 分析，HNTs 仿生微球的比表面积从59.6 m^2/g增大到了 114.6 m^2/g，孔体积和孔径也相应增大。具体数据详见表 5.2。

表 5.3　HNTs 与仿生微球的比表面积、孔体积及平均孔径对比

样品	比表面积/(m^2/g)	孔容/(cm^3/g)	平均孔径/(nm)
HNTs	59.6	0.238	21.3
微球	114.6	0.347	36.9

观察微球的孔径分布图,微球的孔径分布较连续,集中分布在 3 nm 和 35 ~ 40 nm。其中 3 nm 左右的孔对应埃洛石纳米管之间的空隙,10 nm 左右的孔对应纳米管内部圆柱状空腔,直径 35 ~ 40 nm 的孔与微乳液中油酸液滴的直径相符。增大的比表面积可以为酶固定过程提供更多附着点位,广泛的孔径分布则为传质过程提供良好的孔径通道,这些都有利于实现微球的高酶固定量。

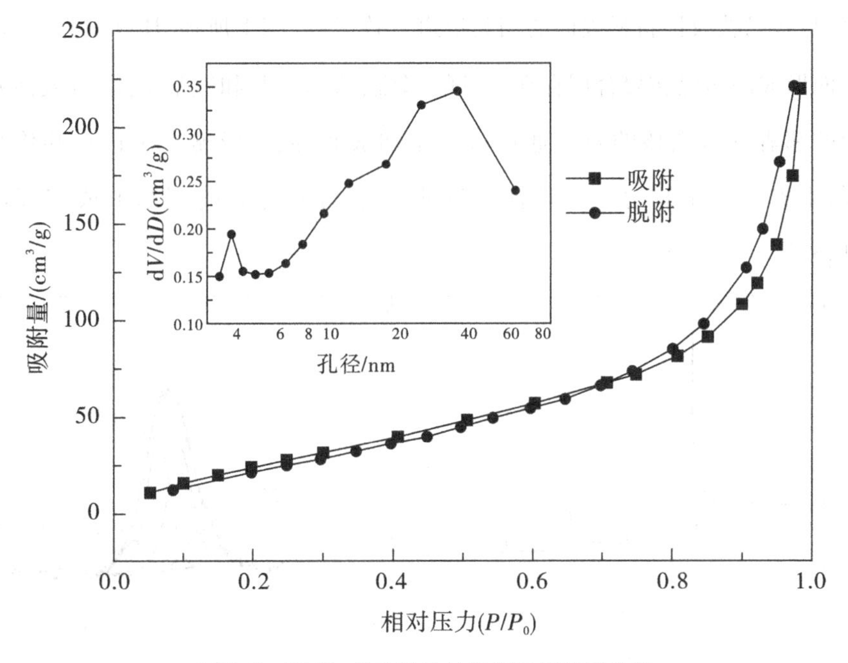

图 5.5 HNTs 仿生微球的氮气吸附脱附曲线

(5)XPS 分析。在碱性溶液中,多巴胺可在几乎任何性质的载体表面发生聚合沉积形成聚多巴胺薄膜。尽管至今还没有一种机理可以明确解释多巴胺这种聚合作用,但通常认为,在碱性条件下邻苯二酚基团能被氧化成邻醌形式,而聚多巴胺在载体表面负载的主要原因是邻苯二酚和邻醌之间发生反向的歧化反应。对 HNTs 仿生微球固定漆酶进行 XPS 表征以分析 C、O、N 元素存在价态,表征结果如图 5.6 所示。由图可知,C1s 拟合峰主要由四个分峰拟合得到。结合能为 282.8 eV 处出现的峰对应于多巴胺结构中的芳香族碳,284.4 eV位置处的峰对应 C—H 键,285.8 eV 位置处的峰对应 C—N 键,287.3 eV 位置处的峰对应 C ═O 键。O 1s 拟合峰主要由结合能为 531.5 eV和 532.5 eV 两个分峰拟合得到,分别归属于多巴胺中的邻苯二酚和邻醌类物质,表明多巴胺上的邻苯二酚基团与载体表面结合生成邻醌。N 1s光谱在 399.1 eV(伯胺、仲胺)和 401.1 eV(叔胺)处呈现两个拟合分峰,与多巴胺改性材料表面的相关报道一致[159]。综上所述,HNTs 仿生微球表面形成的多巴胺聚合层存在大量的邻醌、邻苯二酚和氨基基团,且表面残留的邻醌可与亲核的氨基通过迈克尔加成和/或形成席夫碱进行共价交联,生成亲核生物分子。从而在固定酶中与酶之间的氨基形成牢固的结合[160]。

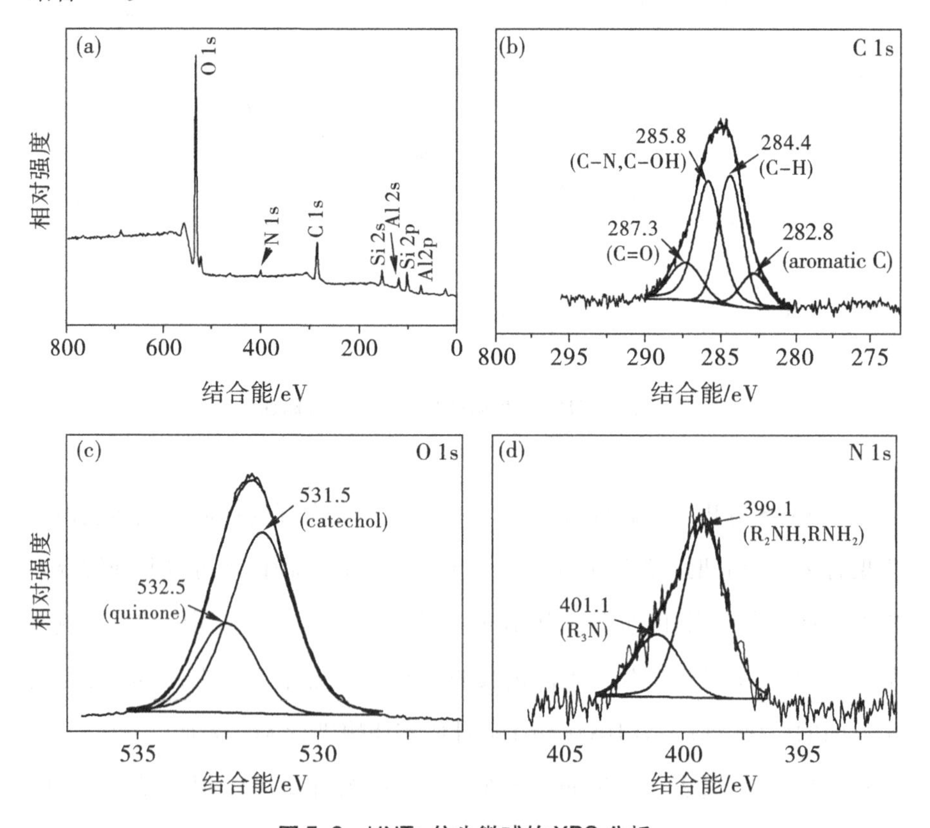

图 5.6 HNTs 仿生微球的 XPS 分析

5.3.2　HNTs 仿生微球固定酶与游离酶的酶学性能对比

(1)漆酶在 HNTs 仿生微球固定量。本书在各种浓度的漆酶溶液中考察 HNTs 及 HNTs 仿生微球对漆酶的负载能力。正如图 5.7 所示,HNTs 仿生微球的漆酶负载量随其初始浓度的增加而增加。当漆酶浓度增加至 3.5 mg/mL时,微球上的负载量高达 311.2 mg/g。与原始 HNTs 相比,这种高负载能力可部分归因于微球比表面积的增加(由 59.6 m^2/g 增大至 114.6 m^2/g)和孔径分布的拓宽。这个负载量也高于先前报道的多孔载体的负载量——纳米多孔金、壳聚糖球和磁性介孔二氧化硅球的负载量分别为 15.5 mg/g,20 mg/g,82 mg/g。这与微球的外表面和/或内腔上均匀涂覆的聚多巴胺沉积层有关。通过在微球表面负载多巴胺,引入了丰富的邻苯二酚和氨基等活泼官能团,便于有效地与微球结构内的漆酶结合[161]。除此之外,HNTs 仿生微球还对其他酶如脲酶(256.3 mg/g)和辣根过氧化物酶(295.6 mg/g)表现出高负载能力,表明其对于生物分子的固定具有通用性。

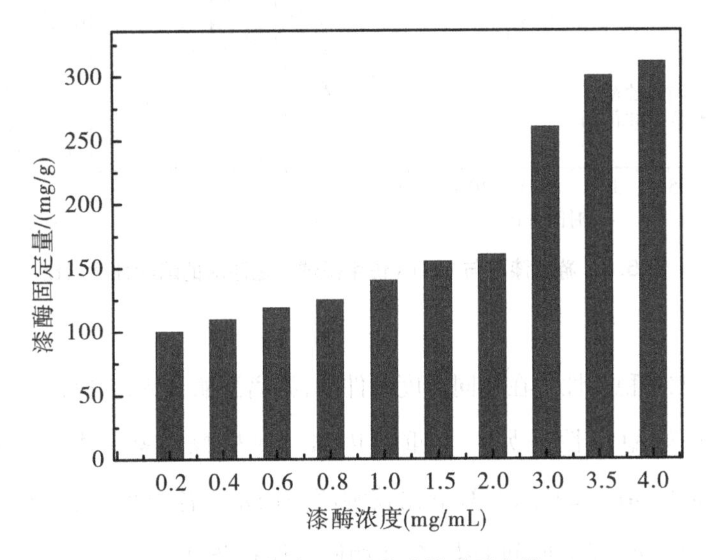

图 5.7　漆酶 HNTs 仿生微球固定量

(2)最适酶催化反应 pH。在不同 pH 值条件下评估游离漆酶和固定化漆酶的活性[图 5.8(a)]。游离和固定的漆酶在 pH 3.2 下表现出最大活性,并且在 pH 6.0 以上失去几乎所有活性。与游离漆酶相比,在低于 pH 5.0的培养基中,固定的漆酶对 pH 变化显示出稍高的适应性。

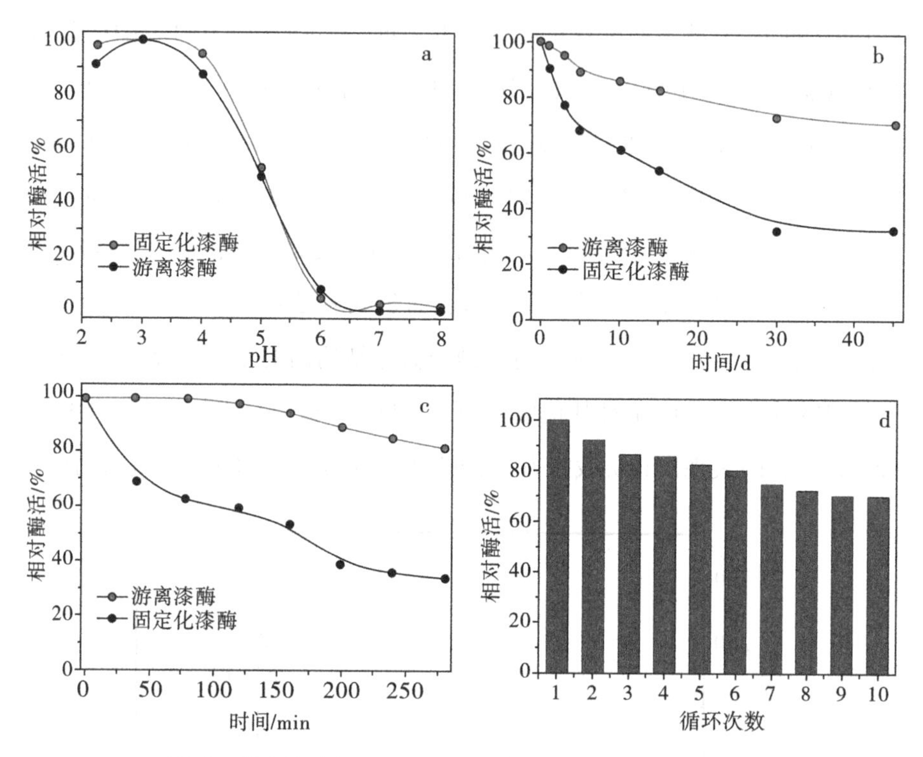

图 5.8 游离漆酶与 HNTs 仿生微球固定漆酶的酶学性能对比

(3)贮存稳定性。在相同温度条件下,游离漆酶和固定化漆酶的酶活是否具有良好稳定性是另一个重要因素。在柠檬酸盐-磷酸盐缓冲液(0.1 mol/L,pH 4.2)中,4 ℃下比较游离和固定化漆酶的储存稳定性。如图 5.8(b)所示,随着时间的推移,在相同的储存条件下,游离漆酶比固定化漆酶的活性下降得更迅速。在 50 d 后,固定化漆酶的活性仍保留约 75% 的初始活性。相反,在同一时期内游离漆酶仅保持其初始酶活的 32% 左右。

(4)热稳定性。在 60 ℃ 的恒定温度下,通过延长游离漆酶与固定化漆酶在 pH 4.2 的柠檬酸盐-磷酸盐缓冲溶液中的接触时间,观察两者相对酶活变化,旨在进一步对比研究二者的热稳定性差异[图 5.8(c)]。在整个反应过程中,固定化漆酶的活性降低速率比游离漆酶小得多。反应 4 h 后,游离漆酶和固定化漆酶的剩余酶活分别为初始酶活的 32.2% 和 82.6%,明确证明了固定化漆酶热稳定性更好。

(5)重复利用性。与游离酶不同,固定化酶可以在反应结束后通过离心或过滤等方式回收。在考察重复利用性能时,每次循环后离心回收固定酶微球,并反复水洗多次后测定漆酶的活性[图 5.8(d)]。10 次循环后固定酶仍保有 70% 以上的初始活性。这表明酶与多孔仿生微球的结合牢固,不会轻易从孔道逸出。相反,游离酶由于其水溶性不能从反应液中收集再利用。游离漆酶和固定化漆酶的活性对比表明,多孔仿生微球是酶固定的优异载体。鸟巢状仿生微球表面由重叠的埃洛石纳米管搭建构成,在微米和纳米尺度上形成互相连通的孔通道。这些结构性质使得酶促反应期间,底物与固定化酶分子的活性中心更容易接近,减少或消除底物的传质屏障并因此增强酶活性。仿生微球可以提供维持高酶活性的有利负载环境,显著改善储存稳定性和重复利用性。

(6)FI-TC 荧光显微镜分析。图 5.9 为 HNTs 仿生微球固定酶的 FI-TC 荧光标记图片,FI-TC 荧光中的异硫氰基团可以与漆酶活性组分结合后在紫外光照射下发出亮绿色荧光。图中每个微球单独整体显示,且荧光外部轮廓与 SEM 中 HNTs 仿生微球的轮廓相似,表明漆酶均匀固定在微球表面上和微球内部。说明载体在负载漆酶之后,仿生微球的形态保持不变。图片同时也显示,微球在负载漆酶后仍具有优异的分散性。

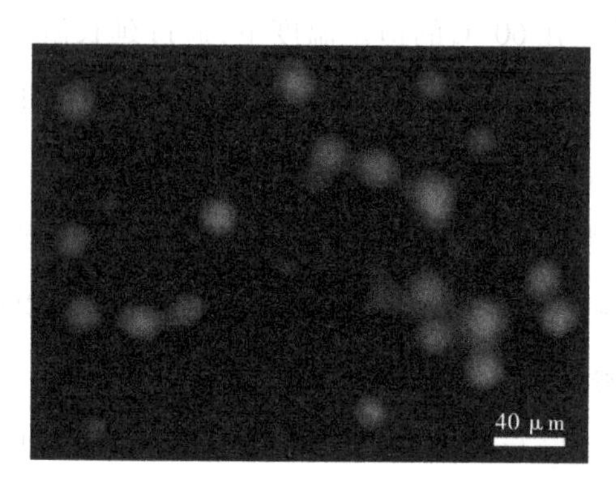

图 5.9　FT-IC 标记 HNTs 仿生微球的固定酶荧光显微图片

5.3.3　HNTs 仿生微球固定酶用于去除 2,4-DCP 的研究

由于酶促反应受温度、pH、离子浓度、底物等的影响较大,因此需要考察 HNTs 仿生微球固定酶对 2,4-DCP(100 mg/L)废水的去除效果,为实际废水处理提供有效地参考。结果如图 5.10 所示。

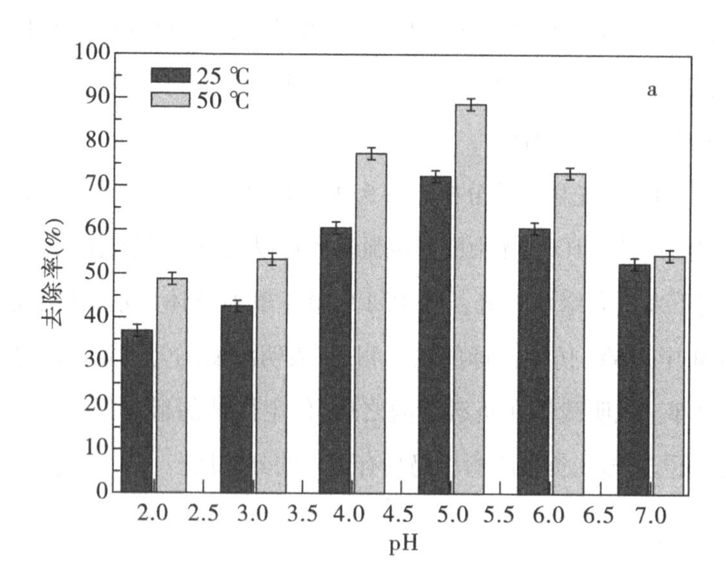

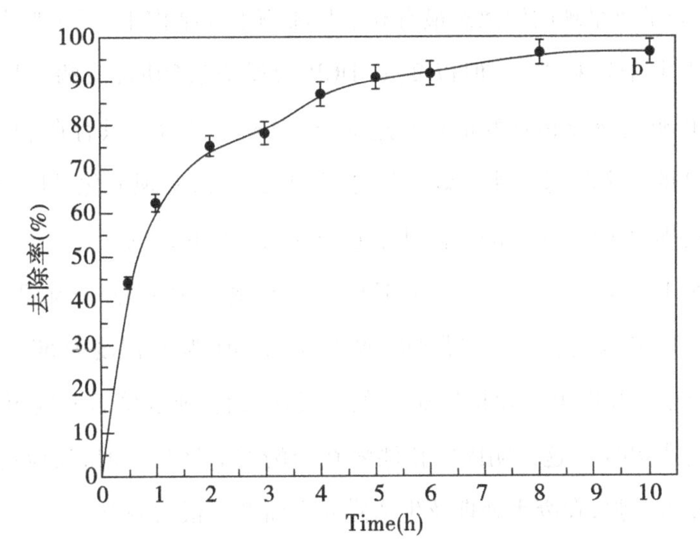

图 5.10　反应条件变化对 HNTs 仿生微球固定漆酶去除 2,4-DCP 的影响

图 5.10(a)显示了 pH 和温度对 HNTs 仿生微球固定酶去除 2,4-DCP(100 mg/L)效果的影响。通常认为酚类在和漆酶反应时，首先向漆酶转移一个电子形成酚类自由基，这些自由基特别活泼，在酸碱条件适宜时能够进一步氧化为醌类物质同时也会生成 C—O、C—C 偶联产物[162]。在 pH 为 5、温度为 50 ℃时，仿生微球固定化酶的处理效率高达 89.1%。而在 pH 为 5、温度为 30 ℃时，仿生微球固定化酶的处理效率也能达到 72.7%。说明固定酶的处理效率随着温度升高会有显著改善，这符合化学反应速率与温度呈正比增长的一般规律。但是同固定酶的酶学性能对比，发现以 ABTS 为底物时固定酶受 pH 变化的规律[图 5.9(a)]与以 2,4-DCP 为底物时[图 5.10(a)]略有不同。这是因为不同的反应底物参与的酶促反应，受 pH 变化溶液中离子的解离状态也会有所不同，而往往只有一种解离状态是最适合与酶活性中心结合的理想状态。虽然 ABTS 的氧化不受 pH 影响，但其解离状态会随着 pH 的变化而变化，所以在 pH 为 3 时，载体表面的多巴胺、溶液中的

ABTS 等分子所呈现的解离态最有利于与漆酶铜簇结构中的 T1 型铜原子结合并发生电子转移[163]。但以 2,4-DCP 为反应底物时,漆酶活性中心与 2,4-DCP 相互诱导相互变形相互适应,进而相互结合。只有在 pH 为 5 时 2,4-DCP 的解离状态才能有效与酶分子构象契合,实现催化基团与结合基团的正确排列定位,实现酶的活性中心与底物解离状态的互补。

图 5.10(b) 显示了时间对 HNTs 仿生微球固定酶去除 2,4-DCP (100 mg/L)效果的影响。在典型实验中,选用 pH 为 5、温度为 50 ℃。利用固定酶降解 1 h 即可去除超过 62% 的酚类污染物,延长降解时间至 10 h 去除效果高达 96%。这说明固定化漆酶在与酚类底物反应时,反应速率很快且氧化能力很强,在废水处理及生物修复方面都有很大潜力。

5.4 本章小结

在本章中我们使用天然黏土矿物制备自组装 HNTs 的多孔仿生微球,在该过程中没有添加任何有毒成分,且合成过程也比较简单。HNTs 仿生微球作为一种高度生物相容性载体,显示出优于其他生物分子固定合成载体的性能。并以自组装的 HNTs 多孔仿生微球为载体进行固定漆酶的研究,重点对比考察了固定化漆酶与游离漆酶的酶学性能及其在 2,4-DCP 废水中的去除效率,结论如下:

(1)三维仿生结构及聚多巴胺对微球改性使得 HNTs 的多孔仿生微球体的漆酶固定量有显著提高,高达 311.2 mg/g。同游离酶相比,微球固定化漆酶能保留 80% 左右的初始酶活。

(2)此外,微球显示出优异的热稳定性和循环利用性。贮存 50 d 后,固定化漆酶的活性仍保留约 75% 的初始活性,而游离漆酶仅保持其原始活性的 32% 左右。

(3)在 2,4-DCP 废水中的去除效果研究中,HNTs 多孔仿生微球固定酶显示出快速高效的优势,对 100 mg/L 的 2,4-DCP 废水降解 1 h 即可去除超过 62% 的酚类污染物，延长降解时间至 10 h，去除效果高达 96%。且随着反应温度的提升，固定酶对酚类废水的降解效果也会得到改善。

因此我们推测仿生微球可以用作固定各种生物大分子的微胶囊，微球制备的方法具有很大的实际应用价值。

6 PVA/HNTs 复合颗粒的制备及其酶固定性能

一般来说，为了降低反应体系的 pH、离子强度或温度变化对酶活的影响，在固定游离酶时，需要挑选具有良好生物适应性、抗压缩性、价格实惠、容易获得且不和酶发生反应的载体[164-166]。当然，目前还不存在一种通用载体，能够适应所有类型游离酶的固定。需要根据实际应用，结合载体材料类型、结构及组成等性质，选用物理吸附、离子键合、共价键合、包埋或交联等方式完成对生物酶的固定[167]。

聚乙烯醇(PVA)是一种无毒、生物友好的合成聚合物，具有容易获得、低成本、良好的化学和热稳定性等优点，已被广泛应用于生物医学应用[168,169]。根据先前的报道，由 PVA 构成的仿生微球、纤维和膜等基质，由于其有序的均匀孔结构、大孔径、大比表面积和良好的生物相容性而用作酶固定的载体[170]。但 PVA 的机械性能较差且高温条件下易溶于水，会影响游离酶的固定量和活性。且酶与 PVA 之间的结合较弱，在反应环境变化时固定的酶极有可能从载体上流失[171]。为克服这些限制，同时提高载体的电子转移性能，向 PVA 中添加碳纳米管、蒙脱土、高岭土等无机添加剂或交联剂显得十分必要[170-172]。戊二醛是最广泛使用的含有两个醛基的交联剂，它能与酶上的氨基反应形成希夫碱(RC ═N)。交联反应发生后，酶和底物之间形成牢固的连接，制得固定酶具有良好的稳定性和可重复使用性[135]。

埃洛石纳米管(HNTs)是一种具有管状结构的低成本硅铝酸盐黏土矿物，在化学组成上类似于高岭土，由片状高岭土在天然水热过程中卷曲形成。HNTs直径约50 nm,管腔10~20 nm,长度1 μm左右,在去除阳离子染料废水方面具有巨大的潜力[65]。由于具有化学稳定性和机械稳定性,高吸附能力,良好的生物相容性,HNTs也可以分散在聚合物基质中制备聚合物/黏土纳米复合材料,会得到意想不到的性能,如热机械性能和阻隔性能均得到明显改善[33,53]。此外,由于内表面和外表面带相反的电荷,有研究将HNTs用作酶固定的载体。将HNTs添加到多孔PVA颗粒中,有利于底物分子在表面和内部的传质。改善多孔PVA颗粒固定酶的性能,比如使得载体内部空间更开放,提高重复利用性,增加生物相容性,提高机械强度等[173]。因此,我们通过相分离法用DMAc作为造孔剂,戊二醛作为交联剂,制备多孔PVA/HNT复合颗粒。

6.1 实验材料

6.1.1 实验药品

实验所用药品如表6.1所示。

表6.1 实验所用药品

试剂名称	厂家
漆酶	Sigma试剂
ABTS(≥99%)	Sigma试剂
考马斯亮蓝G-250(AR)	阿拉丁试剂
磷酸氢二钠(≥98%)	阿拉丁试剂
柠檬酸(≥98%)	阿拉丁试剂
牛血清蛋白(BSA)	阿拉丁试剂
戊二醛50%溶液(分析纯)	麦克林试剂
二甲基乙酰胺(DMAc)	国药基团化学试剂有限公司
聚乙烯醇(PVA)	天津市风船化学试剂科技有限公司

埃洛石纳米管产地是河南省某矿区，经球磨喷雾干燥及过筛(300 目)处理之后，得到品质良好、纯度≥99% 的埃洛石纳米粉体。实验用水为去离子水。

6.1.2 实验仪器

实验及表征所用仪器如表 6.2 所示。

表 6.2 实验中使用的设备

设备名称	型号规格	生产单位
喷雾干燥仪	SY-6000	上海世元生物设备工程有限公司
电子分析天平	FA2204B	上海精科天美科学仪器有限公司
全温度恒温振荡培养箱	HZQ-F100	太仓市华美生化仪器厂
磁力搅拌器	HJ-4	巩义予华仪器有限责任公司
超声波清洗器	KH-100	巩义予华仪器有限责任公司
高速台式离心机	TGL-16C	上海安亭科技仪器有限公司
真空干燥箱	DZF-6020	巩义予华仪器有限责任公司
紫外-可见分光光度计	UV-2450	日本岛津公司
透射电子显微镜	FEITECNA1G2	荷兰飞利浦公司
傅里叶变换红外光谱仪	WQF-510	北京瑞利分析仪器公司
电冰箱	BCD-215TQMB	美的基团
比表面积及孔隙度分析仪	NOVA4200e	美国康塔仪器公司

6.1.3 试剂配制

(1)初始酶液：精确称量不同质量的漆酶干粉，溶于特定 pH 的磷酸氢二钠-柠檬酸缓冲液中，得到浓度和 pH 不同的漆酶原液，用于固定酶的研究。

(2)固定酶洗涤液：将固定酶与初始酶液离心分离，用与漆酶原液 pH 相同的磷酸氢二钠-柠檬酸缓冲液多次洗涤所得固定酶，确保滤液中不再含有游离漆酶。

(3)戊二醛交联剂:按照戊二醛(50%)、盐酸、丙酮之间 5∶1∶94 的质量比配制适量戊二醛交联剂。

6.2 实验方法

6.2.1 PVA/HNTs 复合颗粒的制备机理

在催化、储能、控制释放等应用领域,利用聚合物、无机纳米材料制备具有特殊网络或蜂窝结构复合材料的研究长期以来受到普遍关注。掺杂的无机纳米材料为复合材料提供高活性表面,聚合物组成的"桥梁"状网络结构则为复合材料提供分子运输通道。聚乙烯醇 PVA 具有良好的水溶性,分子链中富含醇羟基,但不溶于甲醇、丙酮等一般溶剂。因此,可以利用相分离方法制备聚乙烯醇颗粒。

将 PVA 与埃洛石纳米管共混,PVA 通过氢键或范德华力与埃洛石纳米管的晶面发生相互作用。由于埃洛石纳米管的机械性能较强,能在复合颗粒中起到柱撑作用。而且纳米管会在 PVA 的结构导向作用下实现有序排列,颗粒内部仍然保持层状网络结构,有利于保护酶的三维结构稳定。而维持生物酶中每个亚基三维构型完整性,是保证酶活的关键。极性溶剂 DMAc 能将 PVA 氢键网络中较细小的"桥梁"溶解,将适量 DMAc 添加到埃洛石纳米管、PVA 的混合液中,从而在复合颗粒内部形成 0.5 ~ 2.0 μm 的开放孔道。这些孔道及网络的存在,有利于生物大分子进入颗粒内部。最后用戊二醛改性复合颗粒,方便酶与载体之间形成共价键,增强两者的结合力。

具体的复合颗粒的形成过程示意图如图 6.1 所示。

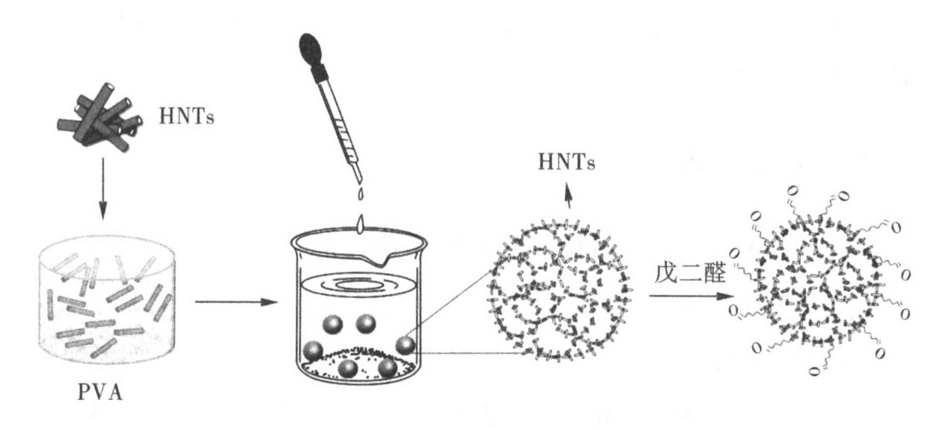

图 6.1　PVA/HNTs 复合颗粒的形成过程示意图

6.2.2　PVA/HNTs 复合颗粒及固定酶的制备

制备多孔 PVA/HNT 复合颗粒的详细步骤如下：超声条件下，将 HNTs 分散在蒸馏水中以形成均匀溶液（质量分数为 2%）。通过水浴加热将 PVA 溶解在去离子水（质量分数为 5% ~ 10%）中，静置 30 min 以消除气泡。接着在剧烈搅拌下，将相同量（15 mL）的 HNTs 水溶液和 PVA 溶液混合均匀，确保 PVA 成功涂布在 HNTs 表面。随后，将适量 DMAc 溶液倒入 PVA/HNT 溶液中，并通过超声处理形成均匀的混合物。最终，把上述混合物逐滴滴入丙酮，形成 PVA/HNTs 复合颗粒。浸泡 8 h 后，过滤复合颗粒并用戊二醛交联剂交联 1 h。最后，用蒸馏水将分离的产物洗至中性，并在 25 ℃ 真空干燥 24 h，为下一步固定酶做准备。

在典型的固定酶实验中，漆酶的固定通常在 4 ℃ 条件下，以含有 2 mg/mL漆酶的柠檬酸/磷酸氢二钠缓冲液（100 mL，0.1 mol/L，pH 5）为初始酶液，以 1 000 mg 多孔 PVA/HNTs 复合颗粒为载体，在恒温摇床中固定 4.5 h。随后用 pH 5 缓冲液洗涤三次以除去游离的漆酶。然后收集湿的固定化酶颗粒，冷冻干燥后储存在 4 ℃下用于随后的酶学性能测定。

6.2.3 PVA/HNTs 复合颗粒的表征

SEM 扫描电子显微镜分析详见 5.2.3。红外光谱分析、N_2吸附-脱附分析、紫外-可见分光光度计分析详见 3.2.4。热重分析详见 4.2.4。

6.2.4 固定化酶与游离酶的酶学性能对比

(1)最适酶催化反应温度。为了研究温度对游离漆酶和固定化漆酶活力的影响,分别测定 15 ℃、25 ℃、35 ℃、45 ℃、55 ℃、65 ℃、75 ℃、85 ℃温度下的游离漆酶和固定化漆酶的酶活力,比较两者酶活力变化,得到酶催化反应的最适温度。以酶活力最高者为 100%。每次分别取三份样品平行测试。除温度变化外,其他反应条件保持不变。

(2)最适酶催化反应 pH。为了研究酸碱度对游离漆酶和固定化漆酶活力的影响,分别测定 pH 为 2、3、4、5、6、7、8 条件下的游离漆酶和固定化漆酶的酶活力,比较两者酶活力变化,得到酶催化反应的最适 pH。以酶活力最高者为 100%。每次分别取三份样品平行测试。除 pH 变化外,其他反应条件保持不变。

(3)热稳定性。将游离漆酶与固定漆酶分别置于 75 ℃条件下保温 0.5~4 h,每隔 30 min 各取三份平行样品,并冷却至 25 ℃后测定游离漆酶和固定化漆酶的酶活力。将未经保温处理的初始酶活力标记为 100%。每次分别取三份样品平行测试。除温度变化外,其他反应条件保持不变。

(4)贮存稳定性。将游离漆酶与固定漆酶分别贮存于 4 ℃冰箱中,每隔 5 d 各取三份平行样品,置于生化培养箱使其升温至 25 ℃,随后测定游离漆酶和固定化漆酶的酶活力。将未经保温处理的初始酶活力标记为 100%。除温度变化外,其他反应条件保持不变。

6.2.5 对活性蓝染料的脱色研究

由于活性蓝染料在 592 nm 处存在特征吸收峰，因此可以利用紫外可见分光光度计（UV-2450，Shimadzu）监测溶液中活性蓝的浓度变化，得出固定酶颗粒对染料废水的脱色效率变化。具体操作为：将一定量的 PVA/HNTs 复合颗粒固定漆酶加入 50 mL 已知初始浓度（C_0）的活性蓝 RB 溶液中，通过分光光度计记录592 nm 的吸光度值变化监测体系中 RB 的浓度（C）变化，并且用下式计算去除效率：

$$\eta = \frac{C_0 - C}{C_0} \times 100\% \tag{6.1}$$

式中，η 表示活性蓝去除效率；C_0 和 C 分别是溶液中的初始和最终 RB 浓度（mg/mL）。所有测量重复三次，误差小于 1%。

6.3 结果与分析

6.3.1 PVA/HNTs 复合颗粒及其固定酶的表征

（1）扫描电子显微镜分析。如图 6.2 为不同放大倍数下观察到的 PVA/HNTs 复合颗粒内部结构的 SEM 图片。从图（a）数码照片中可以看出，复合颗粒直径 1.5 mm 左右；图（b）显示颗粒内部的大孔孔径为 5 ~ 10 μm；图（c）进一步显示了颗粒内部 PVA 凝胶定向排列的网络通道，这些沿大孔孔壁方向平行排列的孔道内部又形成尺寸为 0.5 ~ 2.0 μm 的小孔；图（d）可以观察到起柱撑作用的埃洛石纳米管在 PVA 凝胶中均匀分布。这种高度开放的大孔结构，确保了酶能够到达复合颗粒的内部结构[174]。

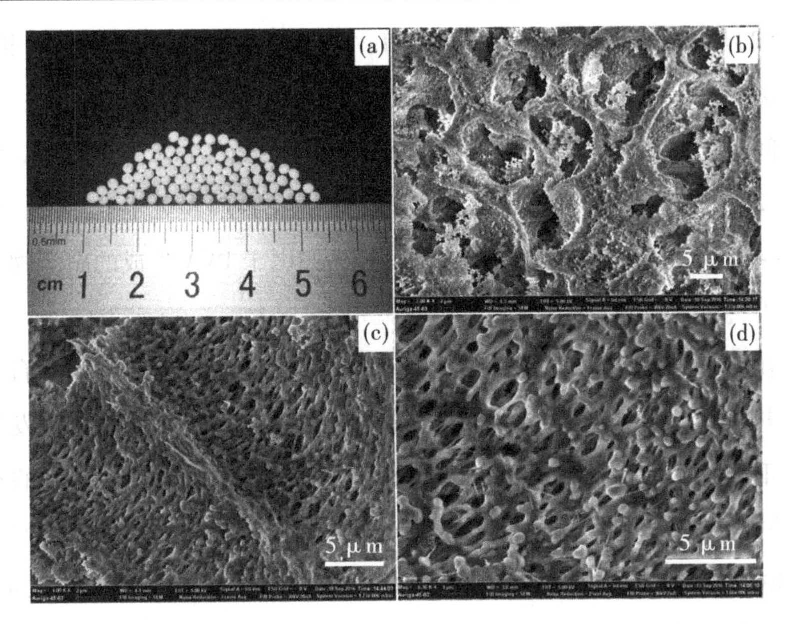

图 6.2　PVA/HNTs 复合颗粒的数码照片及不同扩大倍数下 SEM 图像

本研究对比了游离酶、未改性埃洛石纳米管固定酶、PVA/HNTs 复合颗粒固定酶的固定量、酶活及活性收率。从表 6.3 中可以看出，PVA/HNTs 复合颗粒对漆酶的固定量、酶活及活性收率(237.02 mg/g，9.11 U/g 和 79.15%)均比原始 HNTs(21.46 mg/g，4.98 U/g 和 43.29%)有明显提高，这是因为复合颗粒内的孔道网络利于酶分子进入颗粒内部，说明这种复合颗粒可以用作酶固定的载体。

表 6.3　游离酶与固定酶酶学指标的对比

样品	固定量/(mg/g)	酶活/(U/g)	活性收率/%
游离酶	—	11.51	100
HNTs 为载体固定酶	21.46	4.98	43.29
PVA/HNTs 颗粒为载体固定酶	237.02	9.11	79.15

(2)热重分析。对 PVA、PVA/HNTs 复合颗粒进一步进行 TGA 分析,结果如图 6.3 所示。从 PVA 的 TGA 曲线可以观察到三个失重区间:第一个失重区间位于 50 ~ 100 ℃之间,样品表面吸附的液态、气态水发生热解。位于 220 ~ 290 ℃的第二个失重区间的重量损失归因于 PVA 分子的热解。位于 400 ~ 480 ℃的第三个失重区间的重量损失归因于 PVA 生成的副产物受热分解[176]。

在 PVA/HNT 复合颗粒的 TGA 曲线中也同样观察到三个重量平台。与 PVA 热重曲线相同,在 50 ~ 100 ℃的是由于游离(吸收)水的水分蒸发造成部分重量损失。由于埃洛石纳米管可以吸收 PVA 热解过程中产生的辐射热,使得 PVA/HNT 复合颗粒的第二个失重区间由 PVA 的 220 ~ 290 ℃升高到 340 ~ 370 ℃。说明黏土纳米材料的掺入改善了复合颗粒的热稳定性。400 ~ 480 ℃为复合颗粒的第三个失重区间,归因于 PVA 的副产物受热分解及 HNTs 中的硅酸盐的脱羟基反应[177]。

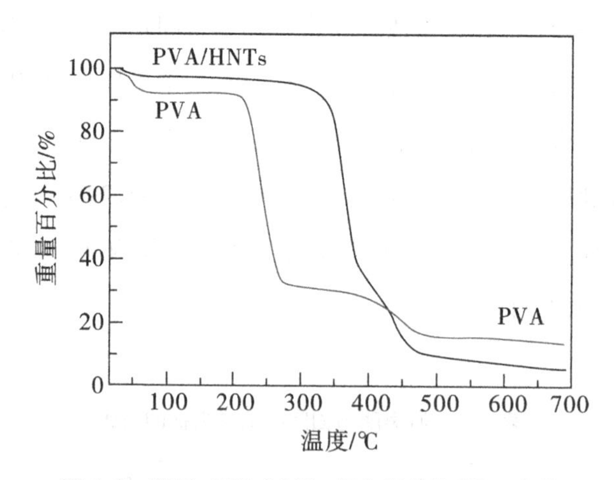

图 6.3 PVA、PVA/HNTs 复合颗粒的 TGA 曲线

(3)红外光谱分析。HNTs,PVA,漆酶,PVA/HNTs 复合颗粒及固定酶的红外光谱图像如图 6.4 所示。在 HNTs 的红外光谱曲线,3 696 cm^{-1},3 621 cm^{-1},3 484 cm^{-1}存在的吸收峰分别对应埃洛石纳米管表面羟基的伸缩振动;1 629 cm^{-1}的吸收峰归因于层间水的变形振动;1 100～500 cm^{-1}处观察到的其他峰是由 Al—O—Si,Si—O,Al—O 的振动引起。对于 PVA,在 3 280 cm^{-1},2 909 cm^{-1},1 413 cm^{-1},1 087 cm^{-1}的峰分别是由于—OH 基团的伸缩振动、—CH_2基团的不对称伸缩振动,—CH_2基团的弯曲振动和 C—O 的伸缩振动引起的。PVA 在 3 600～3 000 cm^{-1}出现的宽峰对应其分子内部或分子间的氢键结合。

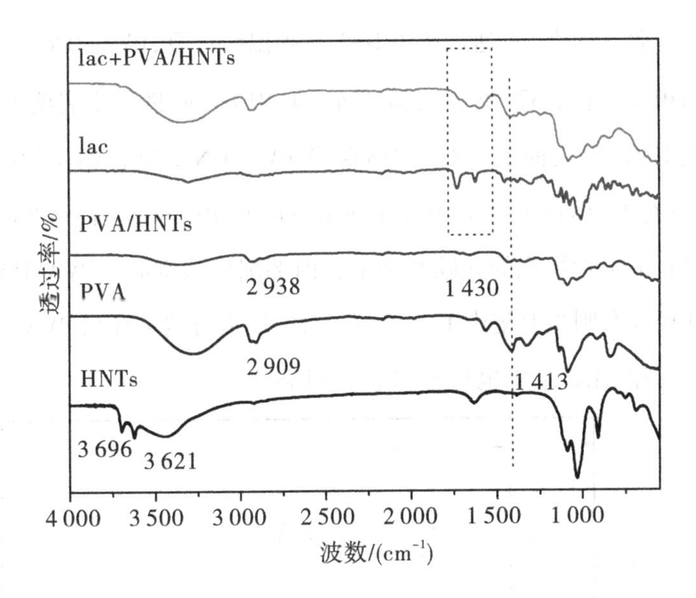

图 6.4　HNTs、漆酶、PVA/HNTs 复合颗粒及固定酶的红外光谱图像

在多孔复合颗粒的红外光谱中,出现 2 938 cm^{-1},1 430 cm^{-1}的峰是由—CH_2基团的伸缩振动和弯曲振动引起的,这意味着 PVA 已经和 HNTs 发生结合。位于 2 867 cm^{-1}的吸收峰与戊二醛上的—CHO 基团的对称振动有关,也从侧面反映 PVA/HNTs 复合颗粒的表面已经被戊二醛成功修饰。观察 PVA/HNTs 复合颗粒固定漆酶的图谱,发现—CHO 基团(2 867 cm^{-1})的峰消失,但在 3 300～3 000 cm^{-1}、1 650 cm^{-1}附近、1 550 cm^{-1}附近存在三处新增的—NH_2伸缩振动,酰胺 I 伸缩振动及酰胺 II 伸缩振动[178]。这些结果都表

明酶的—NH_2基团键合到—CHO 基团上。综上说明，漆酶可以在 PVA/HNTs 复合颗粒实现有效负载。

(4) N_2吸附-脱附分析。HNTs 及 PVA/HNTs 复合颗粒的 N_2吸附-脱附等温线和孔径分布图如图 6.5 所示。从图中明显看到 HNTs 及 PVA/HNTs 复合颗粒的 N_2吸附等温线与脱附等温线均呈现相同的变化趋势，均为具有 H3 磁滞回线的Ⅳ型，其与圆柱形孔的类别一致。但 PVA 改性后，样品中大孔的比例显著增加[179]。通过使用 BET 法等温线计算，PVA/HNTs 复合颗粒的比表面积从原管的37.75 m^2/g降低至 19.10 m^2/g，进一步表明 PVA 成功地涂覆在 HNTs 的表面上。对比 HNTs 及 PVA/HNTs 复合颗粒的孔径分布曲线，可以看出 HNTs 孔径集中分布在 10 nm 和 70 nm 左右，这些峰位分别对应埃洛石纳米管堆积的孔隙和纳米管内部圆柱状空腔。PVA/HNTs 复合颗粒的孔径分布则主要集中 1 nm 左右，对应埃洛石纳米管和 PVA 凝胶网络间堆积的孔隙，比表结果也与 SEM 图片对应。

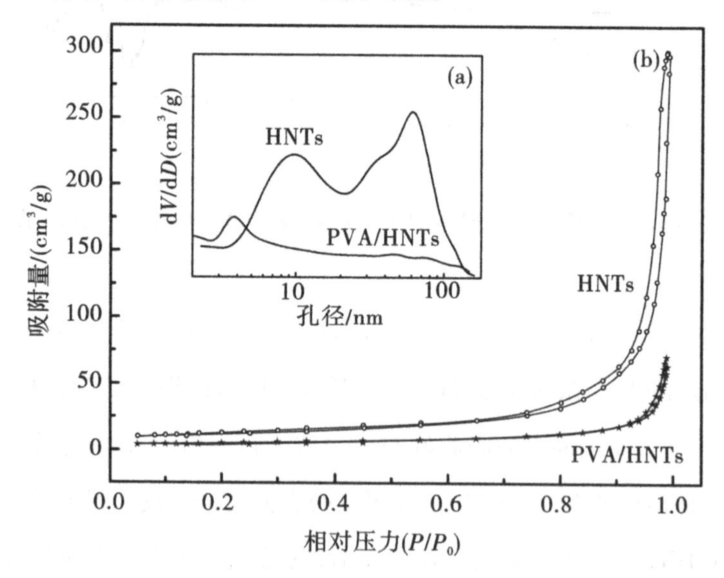

图 6.5 HNTs(a)和 PVA/HNTs 复合颗粒(b)的 N_2吸附-脱附等温线和孔径分布图

6.3.2 固定化酶与游离酶的酶学性能对比

(1)最适酶催化反应温度。为了进一步研究温度对 PVA/HNTs 复合颗粒固定化漆酶的酶学性能影响,在 pH 为 5 的缓冲溶液中,15 ~ 85 ℃的温度变化范围内对比考察了游离和固定的漆酶的酶活相对变化情况(图 6.6)。可以观察到,游离漆酶和固定的漆酶分别在 35 ℃和 55 ℃下活性达到最大值。与游离漆酶相比,PVA/HNTs 复合颗粒固定酶的相对酶活在 45 ~ 85 ℃的温度范围内变化相对稳定,表现出显著的耐温性,这意味着复合颗粒载体可以有效增强游离酶的热耐受性。这可能是因为复合颗粒表面的戊二醛与酶的游离氨基发生反应形成席夫碱,使酶的流动性受限,减少了酶发生变性的可能性。除此之外载体颗粒为酶活动提供了一个立体的缓冲屏障,在外界环境温度变化时,一定程度上造成了温度变化的延迟。

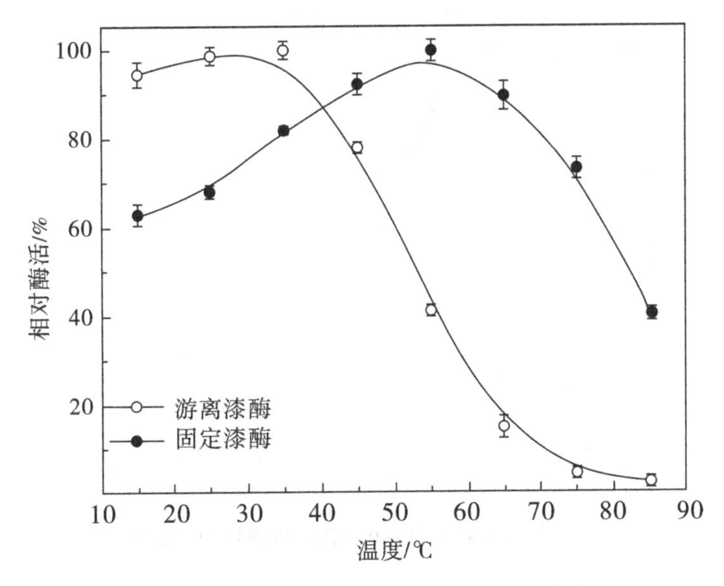

图 6.6 温度对游离酶和固定酶的酶活力的影响

(2)最适酶催化反应 pH。pH 对酶活力的影响主要表现在以下方面:①极端酸碱条件导致蛋白质结构发生不可逆转的变性,致使酶活完全丧失,即使重新回到温和的 pH 环境,酶活也不能恢复;②反应体系中的酸碱条件变化不仅对酶的活性中心的相关基团的解离状态有影响,而且对底物分子的解离也有重要的影响。当酶的催化活性中心关键的离子基团和底物同时达到最有利于两者结合的理想解离状态,即二者解离产生效应平衡,那么此时反应体系所处的 pH 值便是最适酶活反应 pH 值。如图 6.7 所示,游离漆酶和 PVA/HNTs 复合颗粒固定酶均在 pH 3.2 下显示出最佳活性。游离酶在 pH 6.0 以上失活,但固定的漆酶则仍能保持一定活性。且在 pH 变化范围内,固定化漆酶的酶活降低速率相对较低。说明复合颗粒改变了酶促反应的微环境,进而延迟了酶分子活性基团最佳解离状态的改变,能够起到保护酶分子维持正确空间构象的作用[180]。但需要注意的是,最适 pH 并不是一个特征性常数,会随反应底物、缓冲液种类、浓度等的变化而变化。

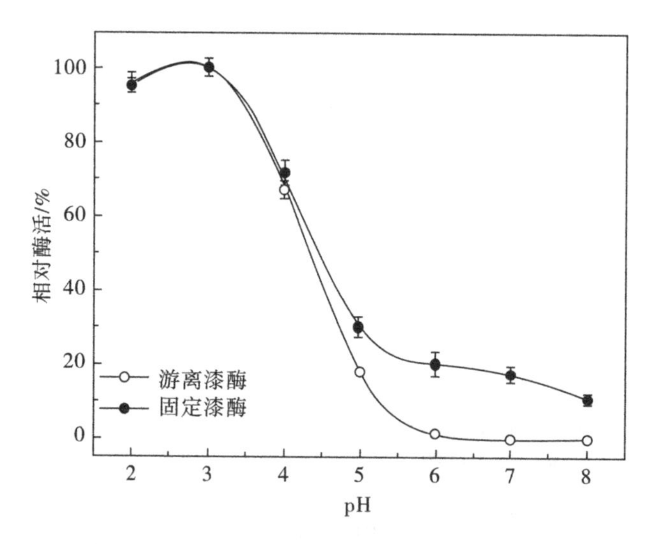

图 6.7　pH 对游离酶和固定酶的酶活力的影响

(3)热稳定性。随着反应温度的升高,分子活动程度增加。一般来说,系统温度每升高 10 ℃化学反应速率可提高 2 ~ 3 个数量级。酶促反应作为化学反应的一种,自然也会随着温度的升高反应速率增大。尤其是当体系温度低于最适反应温度时,加热是一种加快反应速率的有效办法。考虑到实际应用,通常会通过加温的方式提高处理效率,因此考察了 75 ℃时游离酶和固定酶在 pH 5 缓冲液中的酶活变化趋势。由图 6.8 可以看到,随着反应时间的延长,游离漆酶的酶活相对于固定漆酶,呈现出剧烈的削减之势。游离漆酶在反应最初 45 min 几乎失去所有的活性,而固定的漆酶在 2 h 的孵化时间后仍可保持初始活性的 57.5%。一般来说,酶促反应中酶的失活和酶的催化作用长期处于竞争状态。温度较低时,发生失活的酶几乎可以忽略,只能观察到酶的催化作用。随着温度的逐渐升高,酶失活的趋势占主导。通过将漆酶固定在 PVA/HNTs 多孔复合颗粒内,可以利用颗粒内部的孔道结构保护漆酶免受外界环境温度变化的影响。

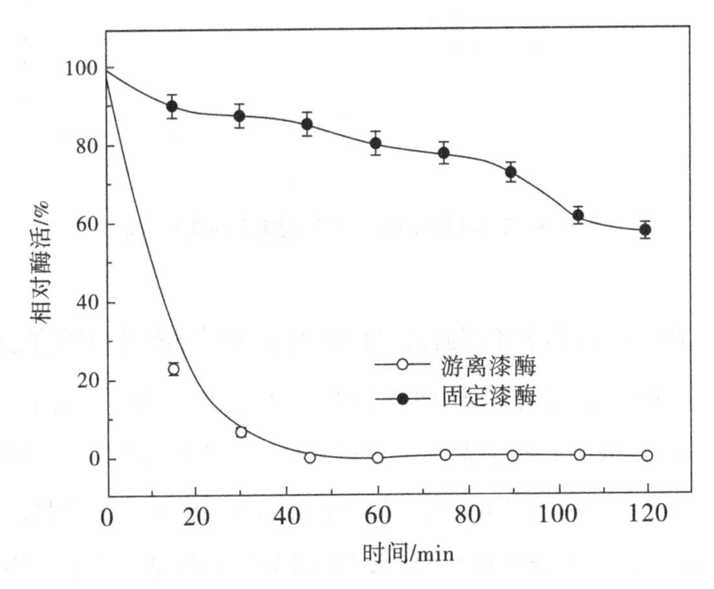

图 6.8　游离酶和固定酶的热稳定性

(4)贮存稳定性。工业应用中不可避免存在运输、贮存过程,因此酶的贮存稳定性成为判断固定酶是否具有工业化潜质的重要指标[181,182]。因此,对比考察 5 周的时间的游离酶与 PVA/HNTs 复合颗粒固定酶的储存稳定性。如图 6.9 所示,固定化酶在 4 ℃保存 5 周后保留了其初始活性的 81.17% 以上,而游离酶仅保留了初始酶活的 32% 。固定酶的高储存稳定性表明 PVA/HNTs 复合颗粒是一种固定漆酶的有效载体。

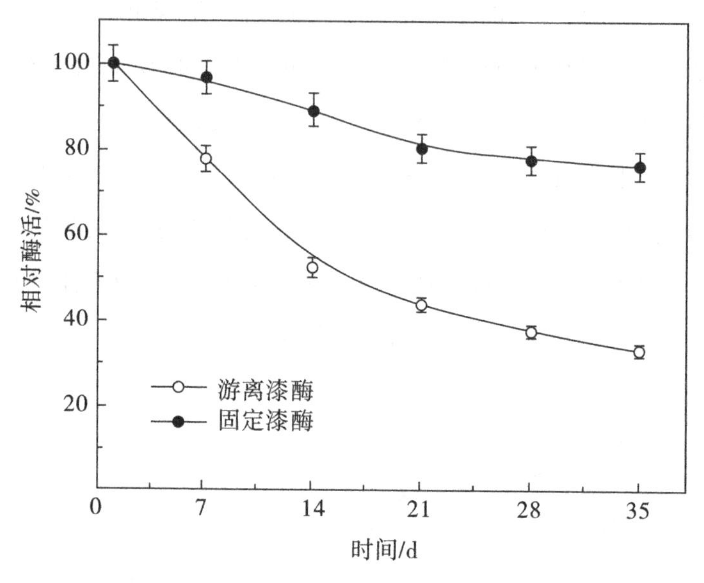

图 6.9　贮存时间对游离酶和固定酶的酶活影响

6.3.3　PVA/HNTs 复合颗粒固定酶用于去除活性蓝 RB 的研究

(1)氧化还原电子介体 ABTS 的影响。漆酶在自然界广泛存在,已经应用在环境修复、纸浆工业、食品加工业和生物传感器等多个领域。随着研究的深入,漆酶/介体体系(LMS)高效的氧化能力和对非酚类污染物的降解逐渐受到关注。但游离酶和电子介体的水溶性导致 LMS 难以重复利用。通过向固定酶体系中引入小分子介体,能够有效提高酶促反应速率,因此选择活性蓝 RB 作为特征非酚类化合物,研究电子介体 ABTS 对固定酶降解效果的影响。活性蓝的分子结构如图 6.10 所示,可以看出 RB 是一种典型的蒽醌类活性类染料,分子结构中存在多个羰基共轭体系,这种特殊的化学结构很难在实际处理中达到彻底降解。

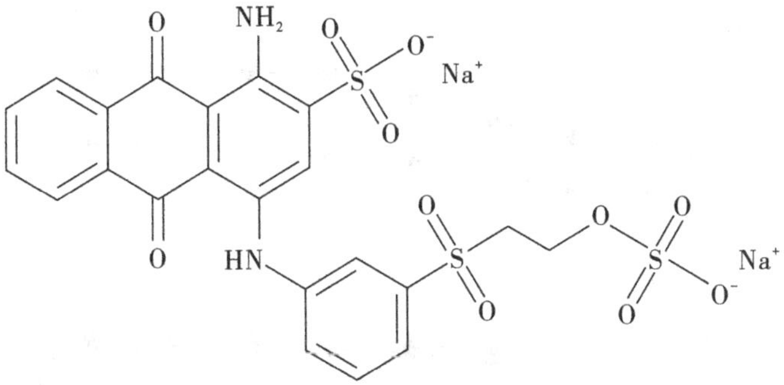

图6.10 活性蓝的分子结构式

典型实验通常在 pH 5 的柠檬酸/Na_2HPO_4缓冲液中进行，考察室温条件下 8 h 后降解 RB(200 mg/L,50 mL)的情况。PVA/HNTs 复合颗粒及其固定化漆酶对 RB 的脱色降解、添加不同剂量的 ABTS 对固定化漆酶降解 RB 的影响于如图所示。在 0.3 mmol/L ABTS 存在条件下，固定化酶对 RB 的脱色百分比在反应 4.5 h 后可以达到 93.41%，这比单独的 PVA/HNTs 复合颗粒(仅 12.16%)高得多。在系统内没有 ABTS 存在时，固定酶仅可以除去 40.97% 的 RB。并且 RB 的脱色率随着 ABTS 剂量的增加首先增加而后下降。

对于漆酶而言，不论是催化富含电子的特异性底物(酚类化合物)还是非酚类化合物，都需要在活性中心即酶分子中的铜簇结构周围进行[163,183]。一般来说，漆酶的氧化还原电位在 500 ~ 800 mV 的范围内，而活性染料的氧化还原电位(约 1 000 mV)，因此漆酶很难将这些氧化还原电位较高的化合物氧化降解为小分子物质[82]。但是在固定化漆酶/介体系统中，通过电子介体的使用一定程度上拓宽漆酶的底物特异性范围[78,91]。漆酶对底物的氧化过程主要包括：①漆酶对底物的作用；②电子在酶活中心的传递与转移；③氧原子对酶活中心的还原作用。其中，电子在酶活中心的传递与转移是影响整个酶促反应速率的关键所在。小分子介体可以充当电子传递与转移

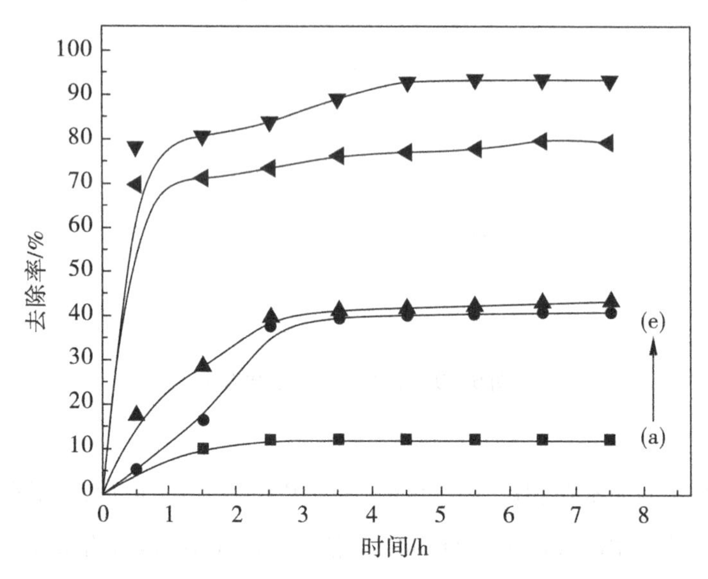

图6.11 (a)PVA/HNTs复合颗粒对活性蓝的吸附量随时间的变化;(b)PVA/HNTs复合颗粒固定酶对活性蓝的去除效率随时间的变化;(c)在0.1 mmol/L的ABTS存在下,PVA/HNTs复合颗粒固定酶对活性蓝的去除效率随时间的变化;(d)在0.5 mmol/L的ABTS存在下,PVA/HNTs复合颗粒固定酶对活性蓝的去除效率随时间的变化;(e)在0.3 mmol/L的ABTS存在下,PVA/HNTs复合颗粒固定酶对活性蓝的去除效率随时间的变化

的载体,提高酶活性中心的电子传递速率,进而提高反应速率,增大漆酶的氧化催化能力。ABTS的氧化还原电位为680 mV,能够为漆酶和非酚类底物之间的电子传递提供载体作用,从而使漆酶对底物的氧化作用高效快速进行。

图6.11(c)~(e)还显示了ABTS浓度对固定化漆酶降解RB的影响。不同浓度ABTS存在下,固定化漆酶对RB的降解效果不同,这说明在生物催化过程中需要选择合适的介体浓度。在酶促反应中,ABTS首先物理吸附

在固定化漆酶的铜簇结构周围，然后随着电子转移的发生由 ABTS 变为稳态自由基 $ABTS^{2+}$。这些稳态的自由基再和非酚类底物发生氧化还原反应。在这里，ABTS 不再是漆酶反应的特异性底物，而是降低漆酶与非酚类化合物反应的氧化还原电位的电子介体。适量 ABTS 可以作为漆酶氧化反应的电子传递载体，提高酶促反应的速率和反应程度，但相对活性蓝染料，ABTS 与固定化漆酶有更好的亲和力。因此过量 ABTS 存在会对脱色反应产生抑制。此外，过量游离 $ABTS^{2+}$ 自由基也会加深反应混合物的颜色[89]。

不同 ABTS 浓度条件下，染料都没有完全降解，这是由 RB 分子结构的特殊性导致的。RB 作为一种典型的活性类染料，分子结构中存在多个羰基共轭体系，这种特殊的化学结构也很难在实际降解中达到 100% 的去除。除此之外，染料的不完全降解也可能与固定化酶的部分失活有关。

(2) pH 对活性蓝 RB 降解的影响研究。我们还研究了在 0.3 mmol/L 的 ABTS 电子介体存在时，溶液 pH 对 PVA/HNTs 复合颗粒固定化漆酶对降解去除 RB 的影响情况。室温下，测定了复合颗粒固定酶在 pH 2 ~ 8 的柠檬酸/磷酸氢二钠缓冲液中对 RB(200 mg/L,50 mL) 的降解情况变化。每次反应后，过滤并多次洗涤 PVA/HNTs 复合颗粒。从图 6.12(a) 可以看出，在 ABTS 电子介体存在条件下，pH 为 4 ~ 6 更有利于固定化漆酶氧化降解 RB。漆酶经 PVA/HNTs 复合颗粒固定后降解活性蓝的最适 pH 范围变大，这是因为复合颗粒的网络结构起到限域作用，使溶液中易于同漆酶活性中心契合的解离态 ABTS 限定在一定空间，充分契合并发生电子转移。在 pH 为 4 ~ 6 时 ABTS 的解离状态均能有效与酶分子构象契合，实现催化基团与结合基团的正确排列定位，促进 T1 型铜与 RB 之间的电子传递并实现对其氧化降解。此外，颗粒内部的网络结构也在一定程度上削弱了环境酸碱变化对酶的活性中心造成的影响。有趣的是，降解后的固定酶颗粒在室温静置过夜后，表面的蓝色会转化为白色，间接证明活性蓝的去除是吸附和酶催化协同作用的结果，如图 6.12(c) 的数码照片所示。

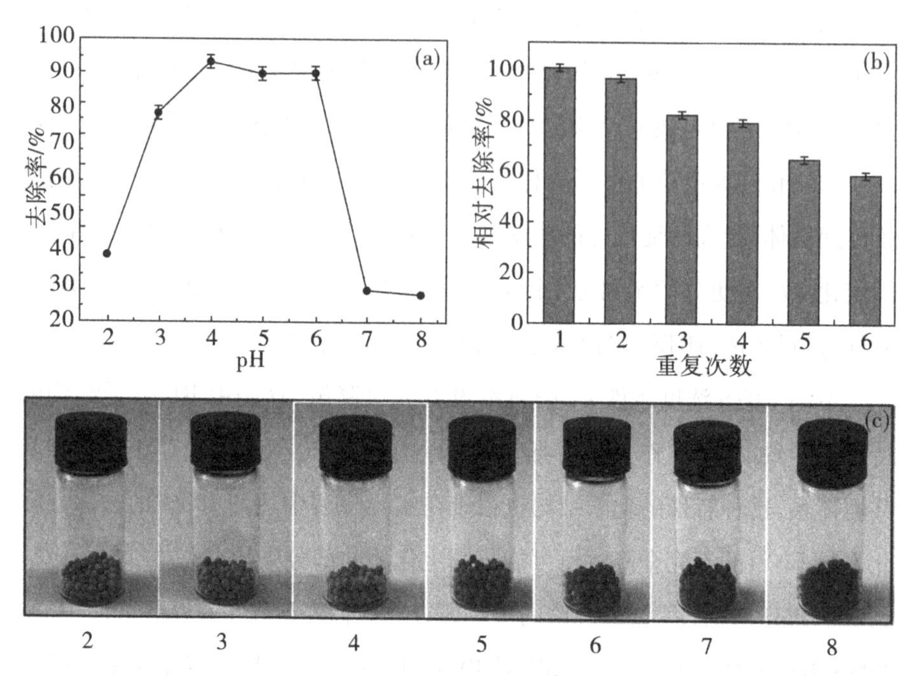

图6.12 (a) PVA/HNTs 复合颗粒固定酶对活性蓝的去除量随 pH 的变化；(b) PVA/HNTs 复合颗粒固定酶在活性蓝降解过程中的重复利用性；(c) 不同 pH 条件下降解活性蓝之后的 PVA/HNTs 复合颗粒固定酶在室温条件下过夜，出现不同程度的褪色现象

(3) 固定酶在活性蓝 RB 降解过程中的重复利用性

为了研究固定化漆酶在染料脱色中的重复利用性，我们对室温下在 pH 5 柠檬酸/Na_2HPO_4缓冲液中的 RB(200 mg/L, 50 mL) 降解 8 h 的脱色百分比进行了监测。每次循环后将反应混合物进行离心处理以除去上清液，并反复用 pH 5 缓冲液冲洗多次。以 PVA/HNTs 复合颗粒固定酶首次处理 RB 的脱色率为 100%。从图 6.12(b) 看出，循环 6 次后，复合颗粒固定酶对 RB 的去除率是初始去除率的 60%。这表明酶可以牢固负载在多孔复合颗粒内且几乎不从孔道中浸出。由于 PVA/HNTs 复合颗粒固定化酶容易从反应介质中回收和可重复利用，因此降低了酶的实际应用成本。

6.4 本章小结

本章成功制备了多孔 PVA/HNTs 复合颗粒并用于酶的固定化。对比研究 PVA/HNTs 固定酶与游离酶的酶学性能,并对 PVA/HNTs 固定酶的重复利用性进行了考察。得到如下结论:

(1)PVA/HNTs 复合材料的微观结构显示了内部的网络结构和外部的开放的多孔结构。PVA 为酶固定提供了更多羟基和结合位点,开放的孔道便于底物与酶活性中心的接触。

(2)PVA/HNTs 复合颗粒具有优良的固定酶负载能力,固定量相对于 HNTs 得到明显提高。复合颗粒的孔道结构能为酶分子提供类似缓冲液的固态缓冲保护,固定漆酶的热稳定性、贮存稳定性、重复利用性得到显著改善,说明载体与酶之间有良好的相容性。

(3)在对固定漆酶/介体体系(IMM-LMS)的研究中,随着适量电子介体 ABTS 的加入,复合颗粒固定漆酶能够实现对非酚类废水的快速高效降解。另外对固定酶/介体体系的重复利用性和其对酸碱的研究表明,PVA/HNTs 复合颗粒固定酶在降解活性染料领域具有较好的应用潜力。

7 结论与展望

7.1 结论

本研究利用多种不同改性方法，成功制备了表面粗糙、活性点位增多的RHNTs和表面富含正电荷的PHNTs。而后为了便于分离，又从仿生学角度出发，分别合成多巴胺改性的埃洛石复合微球，以及尺寸较大，刚性增强的PVA埃洛石复合颗粒，以拓宽埃洛石纳米管在酶固定方面的应用。接着对这些载体的固定酶性能及处理酚类废水或活性染料废水的影响因素和降解效果进行了研究，得到如下结论：

(1) RHNTs的制备及其固定酶的研究。本实验利用硝酸钠-无水碳酸钠熔盐体系对HNTs表面进行简单的蚀刻改性，并用制备的RHNTs固定漆酶。TEM、AFM等表征说明改性后HNTs表面粗糙，为负载漆酶提供更多结合位点。同原HNTs相比，RHNTs的漆酶固定量、pH耐受、热耐受、热稳定性方面都略有改善。但是，以ABTS为底物循环6次后酶活仅保持在初始的30%左右。说明RHNTs与生物大分子之间的结合力较弱，需进一步探索更合适的改性和负载方法。

(2) PHNTs的制备及其固定酶的研究。本实验利用PDDA对HNTs表面进行了改性，TEM结果证实在HNTs表面负载了厚度2～3 nm的PDDA层，AFM结果表明PDDA修饰之后表面粗糙度变大。TGA分析显示PHNTs的漆酶固定量约为3.08%。由于酶与载体之间的静电引力和氢键作用，

PHNTs 的漆酶固定量和酶活收率均有提高。同游离酶相比,PHNTs 固定酶与 ABTS 的亲和程度下降,但在 pH 耐受、抗热变性能、尤其是热稳定性和重复利用性均有明显改善。在处理 2,4-DCP 废水实验中,PHNTs 固定酶能够快速高效降解污染物。PHNTs 固定酶具有良好的操作稳定性和环境适应性,在实际水处理工艺中很有应用潜力。

(3)自组装 HNTs 的多孔仿生微球的制备及其固定酶的研究。本实验通过静电自组装合成埃洛石搭接的空心微球,在利用多巴胺的自聚合作用对微球改性,得到生物相容性和机械强度都有所提高的 HNTs 多孔仿生微球。结果表明微球具有规则的球状结构,粒径在 10 ~ 30 μm;并具有较大的比表面积和丰富的孔隙,为酶固定提供更多的附着点位,同时为传质过程提供良好的孔道通径,有利于实现微球的高酶固定量,漆酶固定量高达 311.2 mg/g。固定化酶的储存稳定性、热稳定性和循环利用性得到显著提高。固定酶可以在短时间内快速高效去除高浓度 2,4-DCP 废水,延长降解时间至 10 h,去除效果高达 96% 。且随着反应温度的提升,固定酶对酚类废水的降解效果也会得到改善。因此自组装 HNTs 的多孔仿生微球是一种性能优良的固定酶载体,可应用于酚类废水的工业化处理。

(4)多孔 PVA/HNTs 复合颗粒及其固定酶的研究。本实验成功制备多孔 PVA/HNTs 复合颗粒,内部的网络结构和外部的多孔结构,为生物酶催化提供“固态”缓冲环境。PVA/HNTs 复合颗粒固定漆酶的固定量 237.02 mg/g ,远远高于原始 HNTs 的 21.46 mg/g。且固定酶具有增强的 pH、温度耐受性,热稳定性和储存稳定性。随着适量电子介体 ABTS 的加入,复合颗粒固定漆酶能够实现对非酚类废水的快速高效降解。复合颗粒固定酶具有良好的重复利用性和酸碱耐受性,说明 PVA/HNTs 复合颗粒能够为酶促反应提供缓冲保护的作用。

7.2 展 望

本书对埃洛石纳米管进行了熔盐法改性、聚阳离子电解质改性，并利用多巴胺和聚乙烯醇实现了埃洛石纳米管的组装，然后利用这些改性后的载体和具有特殊结构的微球或颗粒进行游离漆酶的固定及处理废水。结果表明单纯对埃洛石纳米管的表面改性不能显著改善固定量，而具有3D结构的埃洛石纳米管搭接的复合微球和PVA/HNTs杂化颗粒，其多孔层状结构能够为酶固定提供更多附着点位，显著提高酶的固定量和固定效果，为固定酶提供相对稳定的微环境，减缓微球或颗粒内部pH、温度等的变化幅度。埃洛石纳米管复合材料具有良好的生物相容性，因此也可用于医疗领域抗菌剂、药物等的负载和缓释。在固定酶处理废水研究方面，本书只对LMS体系进行了粗浅的研究，关于不同电子介体对漆酶氧化还原反应的具体作用理论，还有待深入探讨、精深研究。

参考文献

[1]KOSE E,SAY R,ERSOZ A. A new approach for the construction of dual character in nanosystems[J]. Sensors and Actuators B: Chemical, 2016,222:1012-1017.

[2]张俊珩. 埃洛石纳米管的表面改性及其对环氧树脂复合材料结构与性能的影响[D]. 广州:华南理工大学,2011.

[3]刘聪. 聚氯乙烯/埃洛石纳米管纳米复合材料的结构与性能[D]. 广州:华南理工大学,2011.

[4]谢彦芳. 埃洛石纳米管—多糖复合材料的制备与应用[D]. 天津:天津大学,2012.

[5]VERGARO V,ABDULLAYEV E,LVOV Y M,et al. Cytocompatibility and uptake of halloysite clay nanotubes[J]. Biomacromolecules,2010,11(3):820-826.

[6]OUYANG J,ZHOU Z,ZHANG Y,et al. High morphological stability and structural transition of halloysite(Hunan, China)in heat treatment[J]. Appl Clay Sci,2014,101:16-22.

[7]马智,王金叶,高祥,等. 埃洛石纳米管的应用研究现状[J]. 化学进展,2012,(Z1)275-283.

[8]ZHAO Y,ZHANG B,ZHANG X,et al. Preparation of highly ordered cubic NaA zeolite from halloysite mineral for adsorption of ammonium ions[J]. J Hazard Mater,2010,178(1-3):658-664.

[9]XIE Y,ZHANG Y,OUYANG J,et al. Mesoporous material Al-MCM-41 from natural halloysite[J]. Phys Chem Miner,2014,41(7):497-503.

[10]ABDULLAYEV E, OSHI A, WEI W, et al. Enlargement of halloysite clay nanotube lumen by selective etching of aluminum oxide[J]. Acs Nano, 2012,6(8):7216-7226.

[11]YANG K, ZHANG X, CHAO C, et al. In-situ preparation of NaA zeolite/chitosan porous hybrid beads for removal of ammonium from aqueous solution[J]. Carbohydr Polym,2014,107:103-109.

[12]SPEPI A, DUCE C, PEDONE A, et al. Experimental and DFT characterization of halloysite nanotubes loaded with salicylic acid[J]. The Journal of Physical Chemistry C,2016,120(47):26759-26769.

[13]ZENG S, REYES C, LIU J, et al. Facile hydroxylation of halloysite nanotubes for epoxy nanocomposite applications[J]. Polymer,2014,55(25):6519-6528.

[14]YANG J, WU Y, SHEN Y, et al. Enhanced therapeutic efficacy of doxorubicin for breast cancer using chitosan oligosaccharide-modified halloysite nanotubes[J]. ACS Applied Materials & Interfaces,2016,8(40):26578-26590.

[15]SUN J, YENDLURI R, LIU K, et al. Enzyme-immobilized clay nanotube-chitosan membranes with sustainable biocatalytic activities[J]. Physical Chemistry Chemical Physics,2017,19(1):562-567.

[16]YAH W O, XU H, SOEJIMA H, et al. Biomimetic dopamine derivative for selective polymer modification of halloysite nanotube lumen[J]. Journal of the American Chemical Society,2012,134(29):12134-12137.

[17]YAH W O, TAKAHARA A, LVOV Y M. Selective modification of halloysite lumen with octadecylphosphonic acid: new inorganic tubular micelle[J]. Journal of the American Chemical Society,2012,134(3):1853-1859.

[18]PANDEY G, MUNGUAMBE D M, THARMAVARAM M, et al. Halloysite

nanotubes-An efficient 'nano-support' for the immobilization of α-amylase[J]. Applied Clay Science,2017,136:184-191.

[19]PASBAKHSH P,ISMAIL H,FAUZI M N A,et al. EPDM/modified halloysite nanocomposites[J]. Applied Clay Science,2010,48(3):405-413.

[20]柴文翠. 活性开环易位聚合功能化修饰埃洛石纳米管研究[D]. 郑州:郑州大学,2013.

[21]LEVIS S R,DEASY P B. Use of coated microtubular halloysite for the sustained release of diltiazem hydrochloride and propranolol hydrochloride[J]. International journal of pharmaceutics,2003,253(1):145-157.

[22] RANGANATHA S, VENKATESHA T V. Fabrication and electrochemical characterization of Zn-halloysite nanotubes composite coatings[J]. RSC Advances,2014,4(59):31230-31238.

[23]CARR R M,CHAIKUM N,PATTERSON N. Intercalation of salts in halloysite[J]. Clays Clay Miner,1978,26(2):144-152.

[24]席国喜,路宽. 硬脂酸/埃洛石插层复合相变材料的制备及其性能研究[J]. 硅酸盐通报,2011,30(5):1155-1159.

[25]LIU R,ZHANG B,MEI D,et al. Adsorption of methyl violet from aqueous solution by halloysite nanotubes[J]. Desalination,2011,268(1):111-116.

[26]DUAN J,LIU R,CHEN T,et al. Halloysite nanotube-Fe_3O_4 composite for removal of methyl violet from aqueous solutions[J]. Desalination,2012,293:46-52.

[27]JINHUA W,XIANG Z,BING Z,et al. Rapid adsorption of Cr(VI)on modified halloysite nanotubes[J]. Desalination,2010,259(1):22-28.

[28]LEE S Y,KIM S J. Adsorption of naphthalene by HDTMA modified kaolinite and halloysite[J]. Applied Clay Science,2002,22(1):55-63.

[29]ZHANG J,ZHANG X,WAN Y,et al. Preparation and thermal energy prop-

erties of paraffin/halloysite nanotube composite as form－stable phase change material[J]. Solar Energy,2012,86(5):1142-1148.

[30]JIN J,ZHANG Y,OUYANG J,et al. Halloysite nanotubes as hydrogen storage materials[J]. Physics and Chemistry of Minerals,2014,41(5):323-331.

[31]MEI D,ZHANG B,LIU R,et al. Preparation of capric acid/halloysite nanotube composite as form－stable phase change material for thermal energy storage[J]. Solar Energy Materials and Solar Cells,2011,95(10):2772-2777.

[32]FAKHRULLINA G I,AKHATOVA F S,LVOV Y M,et al. Toxicity of halloysite clay nanotubes in vivo:a Caenorhabditis elegans study[J]. Environmental Science:Nano,2015,2(1):54-59.

[33]LVOV Y,WANG W,ZHANG L,et al. Halloysite clay nanotubes for loading and sustained release of functional compounds[J]. Advanced Materials,2016,28(6):1227-1250.

[34]HANIF M,JABBAR F,SHARIF S,et al. Halloysite nanotubes as a new drug-delivery system:a review[J]. Clay Minerals,2016,51(3):469-477.

[35]LEE Y,JUNG G E,CHO S J,et al. Cellular interactions of doxorubicin－loaded DNA－modified halloysite nanotubes[J]. Nanoscale,2013,5(18):8577-8585.

[36]翟睿. 改性埃洛石纳米管固定酶及其降解酚类化合物的研究[D]. 郑州:郑州大学,2012.

[37]ZHAI R,ZHANG B,LIU L,et al. Immobilization of enzyme biocatalyst on natural halloysite nanotubes[J]. Catalysis Communications,2010,12(4):259-263.

[38]SUN X, ZHANG Y, SHEN H, et al. Direct electrochemistry and electroca-

talysis of horseradish peroxidase based on halloysite nanotubes/chitosan nanocomposite film[J]. Electrochimica Acta,2010,56(2):700-705.

[39]DU M,GUO B,JIA D. Newly emerging applications of halloysite nanotubes: a review[J]. Polymer International,2010,59(5):574-582.

[40]THAKUR P,KOOL A,BAGCHI B,et al. Enhancement of β phase crystallization and dielectric behavior of kaolinite/halloysite modified poly(vinylidene fluoride)thin films[J]. Applied Clay Science,2014,99:149-159.

[41]LVOV Y,ABDULLAYEV E. Functional polymer-clay nanotube composites with sustained release of chemical agents [J]. Progress in Polymer Science,2013,38(10):1690-1719.

[42]FU Y,ZHANG L. Simultaneous deposition of Ni nanoparticles and wires on a tubular halloysite template:A novel metallized ceramic microstructure[J]. Journal of Solid State Chemistry,2005,178(11):3595-3600.

[43] ABDULLAYEV E, SAKAKIBARA K, OKAMOTO K, et al. Natural tubule clay template synthesis of silver nanorods for antubacterial composite coating[J]. ACS Appl Mater Interfaces,2011,3(10):4040-4046.

[44]LI C,LIU J,QU X,et al. A general synthesis approach toward halloysite-based composite nanotube[J]. J Appl Polym Sci,2009,112(5):2647-2655.

[45]LUCA V,THOMSON S. Intercalation and polymerisation of aniline within a tubular aluminosilicate[J]. J Mater Chem,2000,10(9):2121-2126.

[46]CHAO C,ZHANG B,ZHAI R,et al. Natural nanotube-based biomimetic porous microspheres for significantly enhanced biomolecule immobilization[J]. Acs Sustain Chem Eng, 2014,2(3):396-403.

[47]ZHANG Y,HE X,OUYANG J,et al. Palladium nanoparticles deposited on silanized halloysite nanotubes:synthesis, characterization and enhanced cat-

alytic property[J]. Sci Rep,2013,3:2948.

[48]WANG R,JIANG G,DING Y,et al. Photocatalytic activity of heterostructures based on TiO_2 and halloysite nanotubes[J]. Acs Appl Mater Inter,2011,3(10):4154-4158.

[49]ZHU H,DU M,ZOU M,et al. Green synthesis of Au nanoparticles immobilized on halloysite nanotubes for surface-enhanced Raman scattering substrates[J]. Dalton T,2012,41(34):10465-10471.

[50]ZHANG B,LI P,ZHANG H,et al. Preparation of lipase/Zn 3(PO 4)2 hybrid nanoflower and its catalytic performance as an immobilized enzyme[J]. Chemical Engineering Journal,2016,291:287-297.

[51]WANG Z G,WAN L S,LIU Z M,et al. Enzyme immobilization on electrospun polymer nanofibers:an overview[J]. Journal of Molecular Catalysis B:Enzymatic,2009,56(4):189-195.

[52]WANG B,ZHANG J J,PAN Z Y,et al. A novel hydrogen peroxide sensor based on the direct electron transfer of horseradish peroxidase immobilized on silica-hydroxyapatite hybrid film[J]. Biosensors and Bioelectronics,2009,24(5):1141-1145.

[53]TULLY J,YENDLURI R,LVOV Y. Halloysite clay nanotubes for enzyme immobilization [J]. Biomacromolecules,2016,17(2):615-621.

[54]赵宝昌. 生物化学[M]. 北京:高等教育出版社,2004.

[55]刘晓晴. 酶学实验手册[M]. 北京:化学工业出版社,2009.

[56]KUMAR S,HAQ I,PRAKASH J,et al. Improved enzyme properties upon glutaraldehyde cross-linking of alginate entrapped xylanase from Bacillus licheniformis [J]. International Journal of Biological Macromolecules,2017,98:24-33.

[57]MIGNEAULT I,DARTIGUENAVE C,BERTRAND M J,et al. Glutaraldehyde:

behavior in aqueous solution, reaction with proteins, and application to enzyme crosslinking[J]. Biotechniques,2004,37(5):790-806.

[58]SUN H,YANG H,HUANG W,et al. Immobilization of laccase in a sponge-like hydrogel for enhanced durability in enzymatic degradation of dye pollutants[J]. Journal of Colloid and Interface Science,2015,450:353-360.

[59]SANTALLA E,SERRA E,MAYORAL A,et al. In-situ immobilization of enzymes in mesoporous silicas[J]. Solid State Sciences,2011,13(4):691-697.

[60]BA S,ARSENAULT A,HASSANI T,et al. Laccase immobilization and insolubilization:from fundamentals to applications for the elimination of emerging contaminants in wastewater treatment[J]. Critical Reviews in Biotechnology,2013,33(4):404-418.

[61]KIRK O,CHRISTENSEN M W. Lipases from candida a ntarctica:unique biocatalysts from a unique origin[J]. Organic Process Research & Development,2002,6(4):446-451.

[62]TAN Y,DENG W,LI Y,et al. Polymeric bionanocomposite cast thin films with in situ laccase-catalyzed polymerization of dopamine for biosensing and biofuel cell applications[J]. The Journal of Physical Chemistry B,2010,114(15):5016-5024.

[63]LI W X,SUN H Y,ZHANG R F. Immobilization of laccase on a novel ZnO/SiO_2 nano-composited support for dye decolorization[C]. IOP Conference Series:Materials Science and Engineering. IOP Publishing,2015,87(1):012033.

[64]WANG P,DAI S,WAEZSADA S D,et al. Enzyme stabilization by covalent binding in nanoporous sol-gel glass for nonaqueous biocatalysis[J]. Biotechnology and Bioengineering,2001,74(3):249-255.

[65] KUMAR-KRISHNAN S, HERNANDEZ-RANGEL A, Pal U, et al. Surface functionalized halloysite nanotubes decorated with silver nanoparticles for enzyme immobilization and biosensing[J]. Journal of Materials Chemistry B, 2016, 4(15): 2553-2560.

[66] ZHAI R, ZHANG B, WAN Y, et al. Chitosan-halloysite hybrid-nanotubes: Horseradish peroxidase immobilization and applications in phenol removal[J]. Chemical Engineering Journal, 2013, 214: 304-309.

[67] HAIDER T, HUSAIN Q. Hydrolysis of milk/whey lactose by β galactosidase: A comparative study of stirred batch process and packed bed reactor prepared with calcium alginate entrapped enzyme[J]. Chemical Engineering and Processing: Process Intensification, 2009, 48(1): 576-580.

[68] TAQIEDDIN E, AMIJI M. Enzyme immobilization in novel alginate-chitosan core-shell microcapsules[J]. Biomaterials, 2004, 25(10): 1937-1945.

[69] WU Y, WANG Y, LUO G, et al. In situ preparation of magnetic Fe_3O_4-chitosan nanoparticles for lipase immobilization by cross-linking and oxidation in aqueous solution[J]. Bioresource Technology, 2009, 100(14): 3459-3464.

[70] GONZALEZ-SAIZ J M, PIZARRO C. Polyacrylamide gels as support for enzyme immobilization by entrapment. Effect of polyelectrolyte carrier, pH and temperature on enzyme action and kinetics parameters[J]. European Polymer Journal, 2001, 37(3): 435-444.

[71] POLLAK A, BLUMENFELD H, WAX M, et al. Enzyme immobilization by condensation copolymerization into cross-linked polyacrylamide gels[J]. J. Am. Chem. Soc, 1980, 102(20): 6324-6336.

[72] MUNJAL N, SAWHNEY S K. Stability and properties of mushroom tyrosi-

nase entrapped in alginate, polyacrylamide and gelatin gels[J]. Enzyme and Microbial Technology, 2002, 30(5): 613-619.

[73] YE P, XU Z K, CHE A F, et al. Chitosan-tethered poly(acrylonitrile-co-maleic acid) hollow fiber membrane for lipase immobilization[J]. Biomaterials, 2005, 26(32): 6394-6403.

[74] DENG H T, XU Z K, LIU Z M, et al. Adsorption immobilization of Candida rugosa lipases on polypropylene hollow fiber microfiltration membranes modified by hydrophobic polypeptides[J]. Enzyme and Microbial Technology, 2004, 35(5): 437-443.

[75] SHELDON R A. Enzyme immobilization: the quest for optimum performance[J]. Advanced Synthesis & Catalysis, 2007, 349(8-9): 1289-1307.

[76] GARCIA-GALAN C, BERENGUER-MURCIA Á, FERNANDEZ-LAFUENTE R, et al. Potential of different enzyme immobilization strategies to improve enzyme performance[J]. Advanced Synthesis & Catalysis, 2011, 353(16): 2885-2904.

[77] TIAGO L, PEIRCE S, RUEDA N, et al. Ion exchange of β-galactosidase: The effect of the immobilization pH on enzyme stability[J]. Process Biochemistry, 2016, 51(7): 875-880.

[78] MOROZOVA O V, SHUMAKOVICH G P, SHLEEV S V, et al. Laccase-mediator systems and their applications: a review[J]. Applied Biochemistry and Microbiology, 2007, 43(5): 523-535.

[79] YU X, LI Q, WANG M, et al. Study on the catalytic performance of laccase in the hydrophobic ionic liquid-based bicontinuous microemulsion stabilized by polyoxyethylene-type nonionic surfactants[J]. Soft Matter, 2016, 12(6): 1713-1720.

[80] JOHANNES C, MAJCHERCZYK A. Natural mediators in the oxidation of

polycyclic aromatic hydrocarbons by laccase mediator systems[J]. Applied and Environmental Microbiology,2000,66(2):524-528.

[81]TANAKA T,TONOSAKI T,NOSE M,et al. Treatment of model soils contaminated with phenolic endocrine-disrupting chemicals with laccase from Trametes sp. in a rotating reactor[J]. Journal of Bioscience and Bioengineering,2001,92(4):312-316.

[82]CAMARERO S,IBARRA D,MARTÍNEZ M J,et al. Lignin-derived compounds as efficient laccase mediators for decolorization of different types of recalcitrant dyes[J]. Applied and Environmental Microbiology,2005,71(4):1775-1784.

[83]PIONTEK K,ANTORINI M,CHOINOWSKI T. Crystal structure of a laccase from the fungusTrametes versicolor at 1. 90-Å resolution containing a full complement of coppers[J]. Journal of Biological Chemistry,2002,277(40):37663-37669.

[84]CLAUS H. Laccases: structure, reactions, distribution[J]. Micron,2004,35(1):93-96.

[85]JENKINS P,TUURALA S,VAARI A,et al. A comparison of glucose oxidase and aldose dehydrogenase as mediated anodes in printed glucose/oxygen enzymatic fuel cells using ABTS/laccase cathodes[J]. Bioelectrochemistry,2012,87:172-177.

[86]李松,刘宇,海丹丹,等. Trametes sp. LS-10C 漆酶对直接类偶氮染料的脱色作用[J]. 环境工程学报,2016(10):6071-6076.

[87]付时雨,詹怀宇,余惠生. 漆酶/介体催化体系中介体的反应性能[J]. 中国造纸,2001,20(5):1-4.

[88]罗小林,詹怀宇,付时雨,等. 从黑液中分离小分子酚类化合物作为漆酶的天然介体[J]. 中国造纸学报,2008,23(3):102-106.

[89] LU L, ZHAO M, WANG Y. Immobilization of laccase by alginate – chitosan microcapsules and its use in dye decolorization[J]. World Journal of Microbiology and Biotechnology, 2007, 23(2): 159–166.

[90] KUNAMNENI A, GHAZI I, CAMARERO S, et al. Decolorization of synthetic dyes by laccase immobilized on epoxy–activated carriers[J]. Process Biochemistry, 2008, 43(2): 169–178.

[91] PERALTA–ZAMORA P, PEREIRA C M, TIBURTIUS E R L, et al. Decolorization of reactive dyes by immobilized laccase[J]. Applied Catalysis B: Environmental, 2003, 42(2): 131–144.

[92] SUN H, HUANG W, YANG H, et al. Co–immobilization of laccase and mediator through a self – initiated one – pot process for enhanced conversion of malachite green[J]. Journal of Colloid and Interface Science, 2016, 471: 20–28.

[93] MOROZOVA O V, SHUMAKOVICH G P, SHLEEV S V, et al. Laccase–mediator systems and their applications: a review[J]. Applied Biochemistry and Microbiology, 2007, 43(5): 523–535.

[94] CAÑAS A I, CAMARERO S. Laccases and their natural mediators: biotechnological tools for sustainable eco–friendly processes[J]. Biotechnology Advances, 2010, 28(6): 694–705.

[95] MINUSSI R C, PASTORE G M, DURÁN N. Potential applications of laccase in the food industry[J]. Trends in Food Science & Technology, 2002, 13(6): 205–216.

[96] BALDRIAN P. Fungal laccases–occurrence and properties[J]. FEMS Microbiology Reviews, 2006, 30(2): 215–242.

[97] 黄建忠,林剑辉,石艺平,等. 大豆过氧化物酶在毕赤酵母中功能表达[J]. 微生物学通报, 2014, 41(9): 1850–1855.

[98]代云容,袁钰,于彩虹,等.静电纺丝纤维膜固定化漆酶对水中双酚 A 的降解性能[J].环境科学学报,2015,35(7):2107-2113.

[99] SHELDON R A, VAN PELT S. Enzyme immobilisation in biocatalysis: why,what and how[J]. Chemical Society Reviews,2013,42(15):6223-6235.

[100] BRADFORD M M. A rapid and sensitive method for the quantitation of microgram quantities of protein utilizing the principle of protein-dye binding[J]. Analytical Biochemistry,1976,72(1-2):248-254.

[101]RODRIGUES R C,ORTIZ C,BERENGUER-MURCIA Á,et al. Modifying enzyme activity and selectivity by immobilization[J]. Chemical Society Reviews,2013,42(15):6290-6307.

[102]SCHNELL S,MAINI P K. A century of enzyme kinetics. Should we believe in the Km and vmax estimates[J]. Comments in Theoretical Biology, 2003,8(2-3):169-187.

[103]ZHAI R,ZHANG B,LIU L,et al. Immobilization of enzyme biocatalyst on natural halloysite nanotubes[J]. Catalysis Communications,2010,12(4): 259-263.

[104]WANG Q,WANG Y,ZHAO Y,et al. Fabricating roughened surfaces on halloysite nanotubes via alkali etching for deposition of high-efficiency Pt nanocatalysts[J]. Cryst Eng Comm,2015,17(16):3110-3116.

[105]TANGGARNJANAVALUKUL C,DONPHAI W,WITOON T,et al. Deactivation of nickel catalysts in methane cracking reaction: Effect of bimodal meso-macropore structure of silica support[J]. Chem Eng J,2015, 262:364-371.

[106]魏浩栋.以埃洛石纳米管为结构单元自组装空心微球及其缓释性能研究[D].郑州:郑州大学,2014.

[107]BRANCHI B,GALLI C,GENTILI P. Kinetics of oxidation of benzyl alcohols by the dication and radical cation of ABTS. Comparison with laccase-ABTS oxidations:an apparent paradox[J]. Organic & Biomolecular Chemistry,2005,3(14):2604-2614.

[108]YANG W Y,WEN S X,JIN L,et al. Immobilization and characterization of laccasc from Chinese Rhus vernicifera on modified chitosan[J]. Process Biochemistry,2006,41(6):1378-1382.

[109]NAIR R R,DEMARCHE P,AGATHOS S N. Formulation and characterization of an immobilized laccase biocatalyst and its application to eliminate organic micropollutants in wastewater[J]. New Biotechnology,2013,30(6):814-823.

[110]LIU Y,ZENG Z,ZENG G,et al. Immobilization of laccase on magnetic bimodal mesoporous carbon and the application in the removal of phenolic compounds[J]. Bioresource Technology,2012,115:21-26.

[111]王伟宸. 超大孔微球固定化酶体系的构建与应用[D]. 北京:中国科学院研究生院(过程工程研究所),2016.

[112]王桂茹,王安杰,刘靖,等. 催化剂与催化作用[M]. 大连:大连理工大学出版社,2004.

[113]WU Y R,NIAN D L. Production optimization and molecular structure characterization of a newly isolated novel laccase from Fusarium solani MAS2,an anthracene-degrading fungus[J]. International Biodeterioration & Biodegradation,2014,86:382-389.

[114]DAÂSSI D,RODRÍGUEZ-COUTO S,NASRI M,et al. Biodegradation of textile dyes by immobilized laccase from Coriolopsis gallica into Ca-alginate beads[J]. International Biodeterioration & Biodegradation,2014,90:71-78.

[115] CHEN J, LENG J, YANG X, et al. Enhanced performance of magnetic graphene oxide-immobilized laccase and its application for the decolorization of dyes[J]. Molecules, 2017, 22(2):221.

[116] ABDULLAYEV E, LVOV Y. Halloysite clay nanotubes for controlled release of protective agents[J]. Journal of nanoscience and nanotechnology, 2011, 11(11):10007-10026.

[117] HUANG Z, WEN M, WU Q, et al. Fabrication of Cu@ AgCl nanocables for their enhanced activity toward the catalytic degradation of 4-chlorophenol[J]. Journal of Colloid and Interface Science, 2015, 460: 230-236.

[118] SUN H, HUANG W, YANG H, et al. Co-immobilization of laccase and mediator through a self-initiated one-pot process for enhanced conversion of malachite green[J]. Journal of Colloid and Interface Science, 2016, 471:20-28.

[119] XIA T T, LIU C Z, HU J H, et al. Improved performance of immobilized laccase on amine-functioned magnetic Fe_3O_4 nanoparticles modified with polyethylenimine[J]. Chemical Engineering Journal, 2016, 295:201-206.

[120] ZHENG X, WANG Q, JIANG Y, et al. Biomimetic synthesis of magnetic composite particles for laccase immobilization[J]. Industrial & Engineering Chemistry Research, 2012, 51(30):10140-10146.

[121] ANSARI S A, HUSAIN Q. Potential applications of enzymes immobilized on/in nano materials: a review[J]. Biotechnology Advances, 2012, 30(3):512-523.

[122] CHAO C, LIU J, WANG J, et al. Surface modification of halloysite nanotubes with dopamine for enzyme immobilization[J]. ACS Applied Materials & Interfaces, 2013, 5(21):10559-10564.

[123]JIAO R,TAN Y,JIANG Y,et al. Ordered Mesoporous Silica Matrix for Immobilization of Chloroperoxidase with Enhanced Biocatalytic Performance for Oxidative Decolorization of Azo Dye[J]. Industrial & Engineering Chemistry Research,2014,53(31):12201-12208.

[124]YANG C,WU H,SHI J,et al. Preparation of Dopamine/Titania Hybrid Nanoparticles through Biomimetic Mineralization and Titanium(Ⅳ)-Catecholate Coordination for Enzyme Immobilization[J]. Industrial & Engineering Chemistry Research,2014,53(32):12665-12672.

[125]CAVALLARO G,LAZZARA G,MILIOTO S,et al. Halloysite nanotube with fluorinated lumen:non-foaming nanocontainer for storage and controlled release of oxygen in aqueous media[J]. Journal of Colloid and Interface Science,2014,417:66-71.

[126]LVOV Y,AEROV A,FAKHRULLIN R. Clay nanotube encapsulation for functional biocomposites[J]. Advances in colloid and interface science,2014,207:189-198.

[127]ZHAO Y,ABDULLAYEV E,VASILIEV A,et al. Halloysite nanotubule clay for efficient water purification[J]. Journal of Colloid and Interface Science,2013,406:121-129.

[128]BI S,ZHOU H,ZHANG S. Multilayers enzyme-coated carbon nanotubes as biolabel for ultrasensitive chemiluminescence immunoassay of cancer biomarker[J]. Biosensors and Bioelectronics,2009,24(10):2961-2966.

[129]CAVALLARO G,LAZZARA G,MILIOTO S,et al. Modified halloysite nanotubes:nanoarchitectures for enhancing the capture of oils from vapor and liquid phases[J]. ACS applied materials & interfaces,2013,6(1):606-612.

[130]XIE W,GAO Z,PAN W P,et al. Thermal degradation chemistry of alkyl

quaternary ammonium montmorillonite [J]. Chemistry of Materials, 2001,13(9):2979-2990.

[131] JOUSSEIN E, PETIT S, CHURCHMAN J, et al. Halloysite clay Minerals-a review[J]. Clay Minerals, 2005, 40(4):383-426.

[132] WANG S, YU D, DAI L. Polyelectrolyte functionalized carbon nanotubes as efficient metal-free electrocatalysts for oxygen reduction[J]. Journal of the American Chemical Society, 2011, 133(14):5182-5185.

[133] CHEN W, CAI S, REN Q Q, et al. Recent advances in electrochemical sensing for hydrogen peroxide: a review[J]. Analyst, 2012, 137(1):49-58.

[134] RIVA S. Laccases: blue enzymes for green chemistry[J]. TRENDS in Biotechnology, 2006, 24(5):219-226.

[135] ZHENG F, CUI B K, WU X J, et al. Immobilization of laccase onto chitosan beads to enhance its capability to degrade synthetic dyes[J]. International Biodeterioration & Biodegradation, 2016, 110:69-78.

[136] LI J, SUN W, WANG X, et al. Ultra-sensitive film sensor based on Al2O3-Au nanoparticles supported on PDDA-functionalized graphene for the determination of acetaminophen [J]. Analytical and Bioanalytical Chemistry, 2016:1-10.

[137] YANG W Y, THIRUMAVALAVAN M, LEE J F. Effects of porogen and cross-linking agents on improved properties of silica-supported macroporous chitosan membranes for enzyme immobilization[J]. The Journal of Membrane Biology, 2015, 248(2):231-240.

[138] ZHANG S, SHEN Y, SHEN G, et al. Electrochemical immunosensor based on Pd-Au nanoparticles supported on functionalized PDDA-MWCNT nanocomposites for aflatoxin B1 detection[J]. Analytical Biochemistry,

2016,494:10-15.

[139] WANG Q, PENG L, LI G, et al. Activity of laccase immobilized on TiO2-montmorillonite complexes[J]. International Journal of Molecular Sciences,2013,14(6):12520-12532.

[140] LIU Y,ZENG Z,ZENG G,et al. Immobilization of laccase on magnetic bimodal mesoporous carbon and the application in the removal of phenolic compounds[J]. Bioresource Technology,2012,115:21-26.

[141] KOTAL M,BHOWMICK A K. Polymer nanocomposites from modified clays: Recent advances and challenges[J]. Progress in Polymer Science, 2015,51:127-187.

[142] SUN H,HUANG W,YANG H,et al. Co-immobilization of laccase and mediator through a self-initiated one-pot process for enhanced conversion of malachite green[J]. Journal of Colloid and Interface Science,2016, 471:20-28.

[143] SHI L,MA F,HAN Y,et al. Removal of sulfonamide antibiotics by oriented immobilized laccase on Fe3O4 nanoparticles with natural mediators[J]. Journal of Hazardous Materials,2014,279:203-211.

[144] ITOH K,KANDA R,MOMODA Y,et al. Presence of 2,4-D-catabolizing Bacteria in a Japanese Arable Soil that Belong to BANA(Bradyrhizobium-Agromonas-Nitrobacter-Afipia) Cluster in. ALPHA. -Proteobacteria[J]. Microbes and Environments,2000,15(2):113-117.

[145] JOHANNES C,MAJCHERCZYK A,HÜTTERMANN A. Degradation of anthracene by laccase of Trametes versicolor in the presence of different mediator compounds[J]. Applied Microbiology and Biotechnology,1996,46(3):313-317.

[146] XU R, CHI C, LI F, et al. Laccase-polyacrylonitrile nanofibrous mem-

brane:highly immobilized,stable,reusable,and efficacious for 2,4,6-trichlorophenol removal[J]. ACS Applied Materials & Interfaces,2013,5(23):12554-12560.

[147] LEE H,RHO J,MESSERSMITH P B. Facile conjugation of biomolecules onto surfaces via mussel adhesive protein inspired coatings[J]. Advanced Materials,2009,21(4):431-434.

[148] TORTAJADA M,RAMÓN D,BELTRÁN D,et al. Hierarchical bimodal porous silicas and organosilicas for enzyme immobilization[J]. Journal of Materials Chemistry,2005,15(35-36):3859-3868.

[149] CHEN L,ZHU G,ZHANG D,et al. Novel mesoporous silica spheres with ultra-large pore sizes and their application in protein separation[J]. Journal of Materials Chemistry,2009,19(14):2013-2017.

[150] KIM J,LEE J,NA H B,et al. A magnetically separable,highly stable enzyme system based on nanocomposites of enzymes and magnetic nanoparticles shipped in hierarchically ordered, mesocellular, mesoporous silica [J]. Small,2005,1(12):1203-1207.

[151] LI Z,DING Y,XIONG Y,et al. One-step solution-based catalytic route to fabricate novel α-MnO 2 hierarchical structures on a large scale[J]. Chemical Communications,2005(7):918-920.

[152] JUN S H,LEE J,KIM B C,et al. Highly efficient enzyme immobilization and stabilization within meso-structured onion-like silica for biodiesel production[J]. Chemistry of Materials,2012,24(5):924-929.

[153] SUN J,ZHANG H,TIAN R,et al. Ultrafast enzyme immobilization over large-pore nanoscale mesoporous silica particles[J]. Chemical Communications,2006(12):1322-1324.

[154] YE Q,ZHOU F,LIU W. Bioinspired catecholic chemistry for surface modi-

fication[J]. Chemical Society Reviews,2011,40(7):4244-4258.

[155]LEE H,DELLATORE S M,MILLER W M,et al. Mussel-inspired surface chemistry for multifunctional coatings [J]. Science, 2007, 318 (5849):426-430.

[156]OCHS C J,HONG T,SUCH G K,et al. Dopamine-mediated continuous assembly of biodegradable capsules[J]. Chemistry of Materials,2011,23 (13):3141-3143.

[157]YAH W O,XU H,SOEJIMA H,et al. Biomimetic dopamine derivative for selective polymer modification of halloysite nanotube lumen[J]. Journal of the American Chemical Society,2012,134(29):12134-12137.

[158]WANG G H,SUN Q,ZHANG R,et al. Weak acid-base interaction induced assembly for the synthesis of diverse hollow nanospheres[J]. Chemistry of Materials,2011,23(20):4537-4542.

[159]PAN F,JIA H,QIAO S,et al. Bioinspired fabrication of high performance composite membranes with ultrathin defect-free skin layer[J]. Journal of Membrane Science,2009,341(1):279-285.

[160]NI K,LU H,WANG C,et al. A novel technique for in situ aggregation of Gluconobacter oxydans using bio-adhesive magnetic nanoparticles[J]. Biotechnology and Bioengineering,2012,109(12):2970-2977.

[161]LIU Y,AI K,LU L. Polydopamine and its derivative materials:synthesis and promising applications in energy,environmental,and biomedical fields[J]. Chemical Reviews,2014,114(9):5057-5115.

[162]UCHIDA H,FUKUDA T,MIYAMOTO H,et al. Polymerization of bisphenol A by purified laccase from Trametes villosa[J]. Biochemical and Biophysical Research Communications,2001,287(2):355-358.

[163]FERNÁNDEZ-SÁNCHEZ C,TZANOV T,GÜBITZ G M,et al. Voltammet-

ric monitoring of laccase-catalysed mediated reactions[J]. Bioelectrochemistry,2002,58(2):149-156.

[164]SHELDON R A. Cross-linked enzyme aggregates(CLEA® s):stable and recyclable biocatalysts[J]. Biochemical Society Transactions,2007,35(6):1583-1587.

[165]LI S,HU J,LIU B. Use of chemically modified PMMA microspheres for enzyme immobilization[J]. Biosystems,2004,77(1):25-32.

[166]BETANCOR L,LUCKARIFT H R. Bioinspired enzyme encapsulation for biocatalysis[J]. Trends in Biotechnology,2008,26(10):566-572.

[167]BERGAMASCO J,DE ARAUJO M V,DE VASCONCELLOS A,et al. Enzymatic transesterification of soybean oil with ethanol using lipases immobilized on highly crystalline PVA microspheres[J]. Biomass and Bioenergy,2013,59:218-233.

[168]PIACENTINI E,YAN M,GIORNO L. Development of enzyme-loaded PVA microspheres by membrane emulsification[J]. Journal of Membrane Science,2017,524:79-86.

[169]ZAJKOSKA P,REBROŠ M,ROSENBERG M. Biocatalysis with immobilized Escherichia coli[J]. Applied Microbiology and Biotechnology,2013,97(4):1441-1455.

[170]EL-MOHDY H L A,GHANEM S. Biodegradability,antimicrobial activity and properties of PVA/PVP hydrogels prepared by γ-irradiation[J]. Journal of Polymer Research,2009,16(1):1-10.

[171]GONG G H,HOU Y,ZHAO Q,et al. A new approach for the immobilization of permeabilized brewer's yeast cells in a modified composite polyvinyl alcohol lens-shaped capsule containing montmorillonite and dimethyldioctadecylammonium bromide for use as a biocatalyst[J]. Process Bio-

chemistry,2010,45(9):1445-1449.

[172]SHAMELI A,AMERI E. Synthesis of cross-linked PVA membranes embedded with multi-wall carbon nanotubes and their application to esterification of acetic acid with methanol[J]. Chemical Engineering Journal, 2017,309:381-396.

[173]PARK J S,PARK J W,RUCKENSTEIN E. Thermal and dynamic mechanical analysis of PVA/MC blend hydrogels[J]. Polymer,2001,42(9):4271-4280.

[174]GUTIÉRREZ M C,GARCÍA-CARVAJAL Z Y,JOBBÁGY M,et al. Poly(vinyl alcohol) scaffolds with tailored morphologies for drug delivery and controlled release[J]. Advanced Functional Materials,2007,17(17):3505-3513.

[175]JOLIVALT C,BRENON S,CAMINADE E,et al. Immobilization of laccase from Trametes versicolor on a modified PVDF microfiltration membrane:characterization of the grafted support and application in removing a phenylurea pesticide in wastewater[J]. Journal of Membrane Science,2000,180(1):103-113.

[176]TRIPATHI S,MEHROTRA G K,DUTTA P K. Physicochemical and bioactivity of cross-linked chitosan-PVA film for food packaging applications[J]. International Journal of Biological Macromolecules,2009,45(4):372-376.

[177]JIN Z,PRAMODA K P,XU G,et al. Dynamic mechanical behavior of melt-processed multi-walled carbon nanotube/poly(methyl methacrylate)composites[J]. Chemical Physics Letters,2001,337(1):43-47.

[178]BARTH A. Infrared spectroscopy of proteins[J]. Biochimica et Biophysica Acta(BBA)-Bioenergetics,2007,1767(9):1073-1101.

[179]SANDEMAN S R,GUN'KO V M,BAKALINSKA O M,et al. Adsorption of anionic and cationic dyes by activated carbons,PVA hydrogels,and PVA/AC composite[J]. Journal of Colloid and Interface Science,2011,358(2):582-592.

[180]RODRIGUES R C,ORTIZ C,BERENGUER-MURCIA Á,et al. Modifying enzyme activity and selectivity by immobilization[J]. Chemical Society Reviews,2013,42(15):6290-6307.

[181]METIN A Ü. Immobilization of laccase onto polyethyleneimine grafted chitosan films:Effect of system parameters[J]. Macromolecular Research,2013,21(10):1145-1152.

[182]BA S,ARSENAULT A,HASSANI T,et al. Laccase immobilization and insolubilization:from fundamentals to applications for the elimination of emerging contaminants in wastewater treatment[J]. Critical Reviews in Biotechnology,2013,33(4):404-418.

[183]GIANFREDA L,XU F,BOLLAG J M. Laccases:a useful group of oxidoreductive enzymes[J]. Bioremediation Journal,1999,3(1):1-26.